那年那味（下册）

李 锋◎著

 中国纺织出版社有限公司

图书在版编目（CIP）数据

那年那味 . 下册 / 李锋著 . -- 北京：中国纺织出
版社有限公司，2022.11
ISBN 978-7-5180-9924-5

Ⅰ.① 那… Ⅱ.① 李… Ⅲ.①烹饪－文集 Ⅳ.
① TS972.1-53

中国版本图书馆 CIP 数据核字（2022）第 191142 号

责任编辑：舒文慧 责任校对：高 涵 责任印制：王艳丽

中国纺织出版社有限公司出版发行

地址：北京市朝阳区百子湾东里 A407 号楼 邮政编码：100124

销售电话：010—67004422 传真：010—87155801

http://www.c-textilep.com

中国纺织出版社天猫旗舰店

官方微博 http://weibo.com/2119887771

天津千鹤文化传播有限公司印刷 各地新华书店经销

2022 年 11 月第 1 版第 1 次印刷

开本：880×1230 1/32 印张：18

字数：356 千字 定价：88.00 元（全 2 册）

凡购本书，如有缺页、倒页、脱页，由本社图书营销中心调换

推荐序

中国烹饪博大精深，人才辈出，军地的烹坛精英也是层出不穷。李锋就是其中的代表，他对炉、案、碟、点，色、香、味、形、器、情、景的拿捏都显得十分精准，因此军中重要的顶级接待至今仍由他参与组织设计和指导。他曾多次圆满地完成重大演习保障和军委接待任务，被誉为厨房界的军地两用人才。

李锋十七岁入行，二十岁在部队服役，从事餐饮工作。打牌、下棋等娱乐活动对他来说就是浪费时间，他就只对餐饮厨房那些事着迷。饮食服务工作冬寒夏热，十分辛苦，他多年如一日，在军队餐饮生涯中跌打滚爬，冲锋陷阵，从不言累。他常讲，一桌高档筵席，是一场中国饮食文化的演出，需要有主题，有序言，有高潮，有尾声，重要的是体现特点，那就是因人治味，因材施技，化技为艺，化腐朽为神奇。清楚厨师是凭借着手艺走天下，过硬的手艺源于勤奋，源于反复积累，源于五勤——腿勤、眼勤、嘴勤、手勤、脑勤。时而钻进书店吸取烹饪养料；时而进山入村，寻觅奇异特食材，丰富餐饮品种；也经常走出军营，寻师访友切磋钻研烹饪技艺，以能人为师，以众人为师。那年头，胡长龄、张大元、朱春满、徐鹤峰等烹饪界老前辈也对这位司令部美食园小伙子刮目相看，不仅教李锋扎实的基本功，还将自己的独门技艺和经验毫无保留地传授给他。李锋庆幸自己能遇到这些技艺精湛、诲人不倦的名师，使得自己在学艺的道路上少走了不少弯路，同时自己也获得了宝贵的烹饪知识，集多家独特烹饪技艺于一身。他因烹饪技艺出众，被选中参加南京军区连队会餐菜大比武，获得了第一名，荣立二等功。从连队的一名普通的炊事兵，成长为一名出色的中国烹饪大师，这些成绩的取得除了他自身的努力进取外，也归功于我们所处的伟大时代。

除了做好司令部美食园餐饮经营管理工作外，他还热心地为部队指战员研究饮食与营养，把所学的厨艺技能，全部用在部队的生活保障任务上。军队的服务标准和工作性质区别于社会上的饭店酒楼，厨艺的培训和名菜制作更要围绕各种接待进行研究设计，要以绿色、健康、生态、环保的现代用餐理念开展工作。李锋在20世纪80年代设计了鱼羊系列风味、鱼羊合鲜狮子头、鱼汤羊肉火锅和砂锅鱼羊鲜等至今仍然在全国各地流行。李锋在确保出色完成各项重要的接待工作之余，还挤出时间积极参与部队和地方的烹饪教培活动，为部队和地方培养了一批又一批的烹饪能手和餐饮管理专业人才，可以说是一位中国烹饪技艺的传承人，对江苏风味的弘扬和发展贡献了自己的力量。

李锋不但爱烹饪，还爱写菜，可谓文武双全。他根据自己的工作体会，在《中国烹饪》杂志上发表了第一篇关于鱼头加工的文章——《我做砂锅鱼头的一点体会》，其后陆续发表了《盛世鸭谭》《百味之本——盐》《烹调用葱有讲究》等文稿，引起烹饪界的轰动。

讲实话，做一名厨师易，做一名有成就的厨师不易，要成为会讲（授课），会做（示范）、会总结（写）的厨师就更不易了。李锋用几十年积累的丰富实际工作经验以及独特的视野，撰写了许多包含趣闻、趣事，作品短小精悍，言简意赅，知识面广，可读性强，使人爱不释手。我曾经多次希望他将其作品汇集成册，惠及众厨。今能如愿，幸也！

（花惠生，男，中共党员，中国顶级烹饪大师，中式烹调高级技师，金陵饭店股份公司高级顾问。现任江苏省烹饪协会副会长、江苏药膳研究会副会长，法国顶级名厨协会会员。曾获中国江苏省劳动模范、全国旅游系统劳动模范、全国劳动模范、青奥服务先进个人等荣誉称号。）

目 录

说明：

1. 质量的标准计量单位为千克（公斤），本书中为阅读方便，仍保留了"斤"和"两"，

　　1 斤 =0.5 千克，1 两 =50 克。

2. 面积的标准计量单位为平方米，土地中常用公顷，本书中为阅读方便，仍保留了"亩"，

　　1 亩 ≈ 666.7 平方米。

3. 热量的国际单位为焦耳（简称"焦"），本书中为阅读方便，仍保留了"卡"，1 卡 =

　　4.184 焦。

第四篇

调和鼎鼐

百味之本——盐

中国烹饪的特点是：以味为核心，以养为目的。盐与味、养、鲜都有密切的联系。

一、识盐

盐，又称食盐，细分为海盐、井盐、池盐、岩盐等。按加工程序的不同，又有粗盐、细盐之分（俗称大盐、小盐）。盐是烹饪中的重要原料之一，是不可或缺的调味品。近年来，因健康的需要，又出现了加碘盐、再制盐、精制盐和保健盐（特殊病人使用）等品种。从古到今盐一直是国家专控商品，足见盐在生活中的重要性。

盐是我国烹饪史上最早使用的调味品。《尚书·说命下》中有"若作和羹，尔惟盐梅"。据文献记载，最早利用食盐在黄帝时期，以此推算，盐的发明在公元前 2800 年左右，至今有近 5000 年历史。近代作家汪曾祺在《五味》一文中说：过去中国人对盐很讲究，如"桃花盐""水晶盐""吴盐胜雪"。可见盐是远古文化的体现之一，盐促进了人类的生存和发展。

二、使用盐

盐在烹调中的作用十分广泛，如辅助洗涤、防腐杀菌、调味助鲜等。

首先是佐助洗涤。夏天菜叶生虫不易洗净，若用淡盐水浸泡一下，就有灭虫的效果；萝卜苦辣味重，焯水外加少许盐，能减缓苦辣味；洗黄鳝、泥鳅加盐去黏液效果好，烫黄鳝加盐可防鳝背表皮开裂；清洗猪内脏，加盐搓洗，有去除异味的功能；清洗虾仁加盐搅拌，去"色"去"味"；涨发虾仁加盐，可使虾仁不破散，起收紧作用；上浆虾仁加盐，有上劲作用；烹调虾仁加盐有调味功能。

其次是防腐杀菌作用。动物性、植物性原料加盐腌制后，既能产生新的风味又能防腐杀菌。高浓度的食盐溶液，能抑制细菌的繁殖，防止食物腐败，如腌鱼、肉、风鸡、板鸭和咸肫、咸萝卜干、咸蒜薹、咸扁尖多属于这种类型。在腌腊制品和食品深加工方面盐同样有防腐功能，如灌香肠、腊肠等。

另外还有调味助鲜作用。在这方面，盐的使用又分为三个过程。

第一，加热前调味用盐。一般动物性原料经刀工处理后，为保持新鲜，采用上浆的方法，这一过程需要用盐。以切肉丝为例：先在肉丝中加盐和水搅拌使其上劲，然后再加入蛋清和淀粉，如果盐少不易上劲，肉丝下锅就会脱浆或粘锅，如果盐过量就咸了，这里就是助鲜助嫩作用。又如熏鱼、油淋鸡、清蒸鳊鱼，加热前先用盐腌一下，便能渗透其内部，烹调后内外口味一致，这是助味作用。

第二，加热过程中用盐。菜肴中单一用盐通常是新鲜的本味菜肴。不同的风味有不同的用盐方法，比较具有代表性的有：生爆甲鱼，盐酱油和糖等多种调味料和香料在炒制过程中一次投放，入味均匀。另一种类型，如红烧肉，无论生肉或熟肉块用于红烧，酱油必加盐，和其他调味料一次放足，一小时出锅，这样咸味与香味、甜味融为一体，产生复合美味，咸味渗透到肉的内部，这也是增加口味的作用。

第三，加热后调味用盐。这种现象往往在菜肴出锅以后，随带部分咸味调料，用以增补菜肴口味。这类方法一般用于煎、炸的食品，如椒盐排骨、桃仁鸡、金陵烤鸭等。另一种形式，如砂锅鱼头或清炖母鸡，通常要求是出锅时加盐调味，如果投放过早，鱼汤不够白浓，鸡汤不够鲜醇，这是因为盐在高温下迅速渗透到动物性原料的内部，肌球蛋白伸展的多肽链遇盐收缩，使原料表层凝固，内部的氨基酸得不到充分的分解，汤汁不能充分乳化，所以主料干老，汤味不鲜。传统的也有随清炒盐上席，由客人自调，如东台鱼汤面。

最后是供给营养的作用。盐是人体健康的重要营养成分，不仅能增进食欲，而且还是维持体内水分平衡和渗透压及酸碱平衡的重要物质。

三、巧用盐

电影《美食家》主角朱自冶说：人类的发展有两个飞跃阶段，一是熟食，二是搁盐。还说：有了盐，搁得合适，才能产生美味，如果不搁盐或搁得太少，过于清淡，绝无美味可言。烹调用盐，如何达到出神入化，回味无穷的境界，很有研究价值。盐是咸味的载体，做菜调味不仅只有盐，还有若干种咸味型复合调料和单一咸味型调味料。中国风味有酸、甜、麻、辣、咸、香、鲜七个主味，多离不开盐，盐是"百味之王"。

1. 根据原料特点巧用盐

古人讲"一物一性"，如活鱼氽汤，用盐恰当鲜味突出，用盐不足，加姜和胡椒粉还是没有"味"；再如蔬菜类，炒根茎类原料如芦蒿、西芹、莴笋等，水分少不易入味，先用盐抓一下，初步入味，还可以去土腥味，烹调后色翠味香，若配腊肉炒，用盐就得减少，腊肉不需要盐还渗出咸味；炒苋菜、茼蒿、木耳菜等叶类菜，因含水分较多，易成熟，盐与菜须一起下锅，拌匀即熟，如果中途加盐，待拌匀后菜已过火，如果火小菜多，菜出水多，盐都在汤里了，还能有味吗？冷菜白切鸡，煮时汤中加点盐，有底味，装盘后再浇味汁不轻不重；盐水鸭、盐水虾，盐就要重一点鲜味才能出来。

2. 根据菜肴特点巧用盐

打鱼蓉和清炖狮子头，这两种菜多是蓉状原料，用盐方式也就不相同。打鱼蓉所需水和盐一次加入再进行搅打上劲，有光泽有弹性，反之用盐少，吃水少还上不了劲，勉强补盐也达不到预期效果。鱼肉富含蛋白质，盐渗透迅速，易上劲，即使盐略多，氽熟换水能减其咸味。狮子头以肥瘦猪肉为主料，并且肥膘较多，斩的粗，纤维组织紧密，如果先加水后加盐，肉中油脂影响盐的渗入，易散碎。不能过咸，因狮子头一次成熟，中途不便调味，咸了难入口，淡了汤和主料味感不一致，因此就需要一次放准。为什么富含蛋白质的蓉类原料搅拌上劲时，特别重视用盐呢？因为盐与原料接触，盐水的浓度大于原料中细胞液的浓度，细胞就失去水分，吸收盐，则易上劲；反之小于细胞的浓度时，细胞中饱和水分多，就不易上劲，也就影响到成品的质量要求，所以说"盐是筋，水是膘，打不到位不起漂"。

3. 根据美学原理巧用盐

传统佳肴菊花青鱼，改刀后用盐腌制，去腥有底味，皮肉不易分离，并且易上劲，不脱粉但不易过多，以免抢味。在调糖醋卤时，盐的用量就轻于糖和醋，这样口味有层次感，这属于"隐"，还要注意沙司和番茄酱因含盐成分不同，用盐量也有区别；家常豆腐中，豆腐含水分多经油炸后更不易入味，调味用豆瓣酱和其他调味品，有盐在前加热时间稍长一点并且加盖，香味挥发少、易入味，并且香浓，这属于"显"。再就是对比现象，行话讲：要得甜，加点盐。在制作甜菜中，要求甜而不腻，以100：1的比例加少许盐，就能充分突出甜味。双色豆泥、冰花银耳就可采用此法，制月饼馅心加盐更为普遍。

4. 根据季节特点和客人口味巧用盐

因季节关系，一般夏天口味趋清淡。选用新鲜原料烹调，保持本色、突出本味，盐可轻一点；冬季消耗能量多，选用高能量的原料，口味和色彩重一点，增加菜肴的原味感；另外老年人、南方人、文化较高并注重身体保健的人，可能口味会稍轻一点；北方人，重体力劳动者和年轻人，可能口味会稍重一点。

四、盐与味

咸是烹调中的主味。胡长龄大师有句名言："味，是菜肴的灵魂。"中国菜博大精深，有百菜百味之誉。古人又讲："吃无定法，食无定味，适口者珍。"作为厨师要抓住味的纲——盐，分析盐与味的规律，通过盐（或咸味）把菜肴中的美味烘托出来。

1. 盐与咸味料

咸味料有酱油、蚝油、甜面酱、芝麻酱、豆瓣酱等。咸味辅助料有火腿、干贝、酸菜、开洋、榨菜、酱菜、芽菜等，这些原料所含盐分不尽相同，香味也不相同，与汤、水、油加热后产生的味也不相同，在烹调中有的助香、有的助鲜，也有的助色、助味，需要在日常生活实践中勤于观察，在不同的情况下，或增或减，留有余地，扬其所长，避其所短，以保证味的基础。如蚝油牛肉，口味要求是鲜嫩，因着重突出蚝油和牛肉的鲜味，通过蚝油来调和咸味，以此增鲜。

2. 盐与复合味

调味的方式一般是先定"百味之本"——盐，再根据各种风味的特色和要求，施以浓淡，当然还要考虑到其他调味料的"隐盐"。如鱼香肉丝中使用的酱油、醋和泡椒多含有咸味，肉丝上浆时已加了盐，在定味时不再重复用盐。

3. 盐与本味

本味的精髓是鲜，"咸能增鲜""好厨师一把盐"，关键是掌握一个"准"字，即烹调用盐的量、搁盐的时间把握得准确，对味的理解（因人因情）分析得要准，对原料和汤汁的多少、火力的大小要掌握得准。一般的方法是：单一味型原料，内容较多的，咸味轻一点如炖菜核，异味突出的，咸味略重一点。

五、慎用盐

盐，无论是烹调方面还是营养方面在人类生活中发挥着重要的作用，在科学面前，对盐也要有辩证的认识。首先，任何人都不能长期缺盐，否则就会出现食欲不振、眩晕、恶心、心律加速、血压下降等现象，但是也应充分看到盐摄入过量给人体带来的不良影响，长期过量摄入钠元素，会产生副作用，使人面色暗黑，诱发心血管疾病。中老年和慢性肾炎、肝炎患者，尤其是高脂血症患者用盐更要谨慎。此外，很多人喜食腌渍制品，这类食品中积聚的亚硝酸盐极易致癌。

六、悟盐

随着生活水平和生活质量的提高，厨师烹调不再局限于由生到熟，或将不好吃做成好吃、好吃的做成好看的了，更重要的是知其所以然。可见，盐与烹饪有学问，盐与厨师也有密切的关系。

作为一名现代厨师，要适应形势和社会的发展。盐与烹调、火候与烹调等是摆在我们面前的新课题，研究和发展中国烹饪是我们新一代厨师任重而道远的职责，并将盐与烹调、盐与事业、盐与我们的美好生活联系起来。

2012.9.24 21:12 于南京

辨析"盐少许"

下午看一电视剧，见剧中人拿着菜谱，责怪出版社编辑工作不严谨，对"盐少许"没有细化到多少克，让读者无从下手。这段剧情，在其他地方，经常被当作笑话，有时还是讽刺编剧的素材……

本人没出过书，菜谱倒是写过，为部队和社会培训过厨师，遇到盐，多是在调味料上列出品种，以其重要性和使用量顺序排列，有时以斤、两、钱为量（如一条鳜鱼 1.5 斤左右，葱 2 根，姜 3 片），不习惯量化到多少克。不精确的数据，对于中国烹饪走向世界，确实是拦路虎。

今晚散步回来，试着就盐少许，说说自己的认识，算是抛砖引玉吧。

一、"盐少许"一词的源头

起源于 20 世纪 80 年代初，最初出现在首版各省菜谱上，后来业内效仿至今。翻看古籍《养小录》《齐民要术》《引膳正要》《随园食单》等专业古食谱中，写到盐，多用腌、渍、调味及出品的味感形式，因为古代的小钩秤是称不出多少克的。

我认为"盐少许"的形成，是有它特殊的行业背景的，比起古代笼统的"加盐"一词是有进步了。少许，起码不会理解成一汤匙、一勺子或一小包吧。

二、理解菜谱的历史功能

20 世纪 80 年代的菜谱有两种功能：一是地区风味的总结，是对本地区菜点进行一次登记，作为史料保存；二是此类菜谱主要是面向内部行业员工的，作为参考书。这套二十余本由各省命名的菜谱，没有在新华书店发行，在各省市饮食行业协会内部出售。因此，在内行来看，容易理解盐少许的意思，一般不会出来较真。

说实话，以当时的思维，没有人会想到国家经济发展会这么快。三四十年前，谁家会主动购买菜谱做菜呢？烹饪是饭店的事，家庭饮食当时仅停留在温饱层面上。

三、"盐少许"是行话

确实如此，历史上秦宰相吕不韦请门生写了一本《吕氏春秋》，其中有一册《本味篇》中有说："凡味之本，水最为始，五味三材，九沸九变，火为之纪……鼎中之变，精妙微纤，口弗能言，志弗能喻……"。

这段话的意思是，祭祀的大鼎，即方形、圆形铜锅中煮的各种优质食材，在火的作用下，产生诱人的香气，但是鼎下的柴火，不停地燃烧，因火力的大小，时间的长短，直接影响到鼎中食材的品质，即九沸九变，九是象征的数字，即火候与时间决定食材的品质。但不能直白表述，即只可意会。

鼎中之物，加了盐和香料之后，立刻产生了美味，这样的贡品用于敬献天神，最能表达祭祀者的诚心。吕不韦用口弗（不）能言，指出味道在舌尖上的感觉，是惟妙惟肖的，是只可意会不可言传的，这样的境界很高，足以代表祭祀者的诚意。

现在煮鱼汤，鱼和水及盐可以量化，按程序入锅煮，时间也可基本确定，可炖在火上的鱼，用什么火力，火的强弱直接影响到锅中水分的消耗，汤耗干了，汤岂不是咸。因此味在各人的口中，是不可量化的。

四、量化是发展趋势

烹饪属于艺术范畴，但是是以技术为基础的，技术本身就包括工艺标准，是有严格的数字指标的，从发展的眼光来看，应该是乐观的，是可期的。

近几年餐饮业以眼看、手抓、口尝的形式也在改变，如上浆虾仁、牛肉、牛仔骨已经量化，可以大批量生产加工。蚝汁、鱼香卤汁、茄汁也量化成熟，有的饭店经营几年，厨师有变化，口味没变化，就是数据量化的效果。扬州蛋炒饭量化操作就是成功的范例。

调味品类如盐、糖、油、酱类、水、汤和加热时间的逐步量化，是餐饮业发展的趋势，更是保证品质稳定的重要因素。在烹饪菜谱文字表述方面，我想很快会在近期内，受到出版界和业界的重视，调味计量不会再模糊化下去了，未来的餐饮团队，集团化加工生产，必须向细化、量化、数据化方向转变，高标准的科学饮食目标是时代发展的必然趋势。

"盐少许"以后或将不再出现，它将仅存于历史的长河中。

2015.1.17 23:20 于六合

品味

品，会意字，有多种含义，其中之一，辨别好坏。味，孟子有言："口之于味，有同嗜焉。"本义是美好的味道大家都喜欢。

味，有五味、味道、味觉、味感等多种名词。本义是，用舌头品尝和鼻子嗅觉得到的综合感觉。味，有多种延伸性的表达和运用，如这个"有味道"三个字，有两种不同的界定：既可以是表扬它有独特的个性，又可以是对食材腐败变质的鉴定。对于人来讲，舌尖有味蕾，辨别各类食物的味道。味，对烹饪来讲，有百余种以味形容的词，如甜味、香味、酱味、本味、至味、复合味、焦香味、鲜味、酒味等。

品和味，分别有不同的本义、含义。两个字结合起来，又形成其他多样的意思。

品味在烹饪行业上来讲，有独特专一的意思。

首先是对某一道或某一餐饭的评论。食、香、味、形、器、菜品符合季节、客人身份和健康的需求，做工细致，出品件件精致，总的评价是有品味。

对另一种品味的理解，就如品茶一样。品一道菜和一餐饭的制作流程：选料、加工烹调、装盘、点缀、命名等，符合烹调原理，干净利落，不拖泥带水。菜品是最佳质感，最恰当的火候，最可口的味道，最适宜的温度。

从这些方面进行评论、点评，总结出品的特点，又分析出瑕疵的原因以及给出处理的建议和以后如何避免的措施，这一系统的品尝、嗅闻和视觉的冲击及出品的主体本味、复合味、个性味、南北味、古今味、中外调味料等，均进行评品。这大概就是对品味的微观分析。

在这个基础上，了解出品的源头和主配料的使用量及菜品的典故，与主题搭配和谐，选材不撞车，出品不重味，色彩不俗气，装盆不小气，创意有底蕴，食后有回味，这些就是高层次的品味。

品味，简单表述，就是对咸淡、生熟、鲜气、香气等进行说明。复杂地讲，品味，多用于比赛、考级对出品的分析。古人讲：字如其人。同理，菜如其人。一件好的出品，盘中隐含着若干理论和实践功夫的元素。一盘菜，能读出操作者的技能和师傅流派的风格，一盘出品，又可能是一个城市的窗口名片。

品味，是一种不由自主的认识，一眼能看出品质的优与劣。

品味，该是一名食界"包公"，敢于讲真话实话，分析出其中的道理。在建议、纠错部分，又能客观分析，帮助寻找最佳方法，力求使出品精益求精，让食客留有余味难忘等更深的印象。

昨天中午在定淮门十号十九阁饭店葛春处品尝。印象是出品与时俱进，做工认真，味真可口，可食性、可观性强，受到时任省餐饮行业协会秘书长的于学荣和原南京饭店名师吉祖平的表扬。

昨晚转场到高楼门饭店品尝，由时任中国名人书画研究会主任的黄坚清先生安排，又尝到了高楼门的看家菜奶汤河豚、葱油刺参等，尝了新品种浓汁开片虾、沸汁南瓜鲍仔和饼卷湖南腊兔丝等佳味。老牌饭店内功就是扎实，做一个成一个，优质出品率高，这与饭店领导重视有关，与大厨们的勤奋也关系密切。

30多年的经验积累，其技艺、其故事、其味道就像一坛老酒，坛子耐看有年份，打开盖子酒香迎面袭来，再面对着件件香溢久远的珍品佳肴，真是引人入胜，丢不下筷子了。

看的是走马观花，吃的是水陆陈杂，品几句三言两语，夸奖是挂一漏万、锦上添花。

2015.9.24 21:55 于横梁

味将——酱

前段时间，偶然看到湖南卫视专题娱乐节目《我是歌手》，被其独特的演出效果所震撼，作为门外汉的我，带着好奇的心情看完一场。之后每逢周五晚，坚守在电视前，看每一期《我是歌手》到22点，被其灯光、服装、妆容、演唱歌曲、主持人风趣的解说和专家点评所吸引，被优美的旋律，深情的演绎打动着。难忘的是专家对歌手的点评，形容唱功好的歌手，比喻为歌坛唱将，看了之后引起我的思考，唱歌有唱将，烹饪调味也该有味将，于是便想写一篇与演唱八竿子打不着的文章，名为《味将》。

"烹饪"一词，泛指与饮食相关的一切活动内容。"烹调"一词有三个含义，前者烹，有加热成熟之意；后者调，指将成熟或未经加热的食品进行调味，有五味调和一说；烹调，引申为加工成熟食品的过程，或泛指一项专业工种的职业名称——烹调师。

有文献记载，《周礼》云："谓天官冢宰所属有膳夫，为食官之长，掌王之饮食膳。"对有祭祀工作经验和从事祭品分配公平、切割技能熟练的人，职业名称有太宰、膳夫等，他们是制定中国一切行政机构框架的始祖，最有名的代表人物有商汤尹伊、春秋易牙等，曾官至宰相。

民国时期，这一工种被贬称为伙夫、厨子；1945年至1949年，从事这一工种的人员被称为大师傅。后来，《为人民服务》一文中把从事部队炊事服务工作的员工，正式定名为炊事员（军队八大员之一），这一称谓一直沿用到20世纪70年代末。我入伍时在部队职业工种一栏内仍填写炊事员，20世纪80年代初期，军队响应上级号召，为了改善连队伙食水平，提高战士专业技术，结合培养军地两用人才的要求，部队与地方省市烹饪协会合作，采用派送或地方培训机构上门培训的方式进行系统培训三个月左右，或更长时间，经专业理论和实践操作考核通过发给相应职称的证书，如二级、三级厨师证书，于是对这一工种的专业栏内填写转换成厨师。20世纪90年代初，国家商务部和劳动部职能转换，对从事各项工种的人员纳入统一管理，由劳动部统一对各项工种进行归口培训发证，从事烹调工作行业的员工经考核后，颁发专业工种技术证书，至今统一定名为中式烹调师（做菜）、中式面点师（做面点）。

民间有句老话：开门七件事，柴、米、油、盐、酱、醋、茶。柴、米与茶不属调味范畴。油，虽重要，但算不上主味。盐，是最重要的调味品，"有百味之主"之称，该列为"帅"位，列将位有点低就了。酱，泛指酱类，品种有上百种之多。醋，也是重要的调味品，但和酱比起来，其适应面更窄些，烹调行话中有滴醋、点醋之说，表示使用量不太多。

于是，从谐音来看，"酱"与"将"同音，从文字之始之意来看，也有渊源。酱，会意字，从将，从酉，将省声。"将"本义为"涂抹了肉汁的木片"，引申义为"涂抹"；"酉"意为"腐败变质"。"将"与"酉"联合起来表示"一种经腐败变质过程（发酵）而制成的涂抹类辅助食品"。本义：一种调味性的半固体半液体食品，用于涂抹面点等主食。

从饮食发展史来分析，因酱的出现，人们才掌握了粮食酿造成酒与醋的经验，使用粮食，经过人为自然的发酵，才有后来酒与醋的诞生。

孔子在《论语·乡党》中说："不得其酱不食。"在孔子看来，酱品在食礼中是不可或缺的重要食品，有着已超出食品意义的重要内涵。事实上，酱在中国古代，有着不可替代的特殊地位。酱文化是中国饮食文化的重要组成部分。中国制酱的历史悠久，酱的品种及食物关系也很复杂。《周礼》中对敬奉老人酱食的规定，是最能体现孝亲养老的，周人还赋予了酱以明确尊卑之序、中和之道、敬祭鬼神之意的文化内涵。酱不简单吧。

中国是酱的创始国，说来已有数千年的历史了。关于酱的起源，目前有以下三种观点。

第一种是汉班固的《汉武帝内传》中记载西王母下人间见汉武帝，西王母告诉武帝说，神药上有"连珠云酱""玉津金酱"，还有"无灵之酱"。于是就有制酱法是西王母传与人间的说法，西王母下凡自然只是传说罢了。

第二种是《中国烹饪百科全书》中有提到：酱，咸味调味品类烹饪原料，以大豆或麦、面、米蚕豆等经蒸发酵，加盐水制成的糊状物。酱创制时间为先秦时期，《物源》载"周公作酱"。

第三种观点认为酱在秦汉之后出现，如《史记·货殖列传》中"醯、酱千瓿"。汉代刘熙《释名·释饮食》谓："酱者将也，能制食物之毒。如将至平暴恶也。"此处最重要的依据是，把酱的特点和作用阐述得非常明白，前一句指酱在烹饪中能增香鲜、去异味（即食物之毒），后一句以酱比喻战将入敌阵，能横扫一切（将至平暴恶），这是古今对酱最恰当的褒奖和肯定。北魏《齐民要术》也有专章专述制酱的技法，不再细列。

下面再谈谈我自己的体会。

一、酱类

酱有若干种，根据口味分为咸味、辣味、香味、甜味、果味、复合味、单项口味、异国风味等。咸味类有南方广东柱侯酱，名菜烤乳猪必备；北方有北京六必居黄酱，又有称面酱，国菜烤鸭必用品；再向北的有吉林的黄酱、豆酱等。炒酱时，鸡蛋液掺淋于锅中成熟，别有风味，卷饼夹馍必不可少，还是地方风味特色不可或缺的，名菜砂锅大丰收，即乱炖，酱是不能少的一味。江南人，自古会吃，甜面酱是下饭小菜，烧鱼虾有了它，味就出来了，在夕阳的炊烟中，就它抢风头。金陵三叉（烤鸭、烤猪、烤鱼）哪一样能少它呢？四川乃天府之国，四川人会吃，有味在四川的美誉，如果有些菜品脱离了郫县豆瓣酱，那名菜干烧鱼、宫保鸡丁、鱼香肉丝、麻婆豆腐等，厨师们就无从下手了。山东百姓，有了大葱煎饼和面酱，出门远行，有多远走多远，也不会想家了。

前面所讲，以麦面、黄豆、蚕豆加工的各种咸味酱，以咸为主。无限延伸的各种咸味类酱，该是古今烹饪调味的主体，以咸鲜见长，不仅有助鲜香、去异味的功效，还有增色和食物保鲜的功能。以它烹荤，解腻诱人，以它拌（烧）素，酱鲜入味，回锅肉、酱烧茄子，听到菜名就忍不住流口水了，无酱行吗？

时代在发展，酱也被它的衍生物酱油替代，酱油是酱中的精华，从调味品分类来讲，各类酱油当仍归属酱类。

酱类还有辣椒酱、沙司酱、草莓酱、蓝莓酱、芝麻酱、花生酱、桂花酱、虾酱、牛肉酱等，虽是调味中常用的，但其使用上和口味上的影响力远不及咸鲜面豆酱类。

二、酱与酱法

前一个酱字为酱类调料，不再赘述了，后一个酱法，即一种独立的冷菜烹调方法，名称为酱法。标准的概念是：用事先配制好的酱汁以中小火将原料烧煮至熟烂的烹调方法。酱法与卤法基本一样，其不同之处为酱制用的酱汁必用豆酱、面酱，现在多改用酱油（老抽）或糖上色，酱制成品一般色泽酱红，酱制成品成熟后，常留一部分酱汁（原汤卤）收燻于制品上，或者在锅中转大火收干汁，成品包裹吸附卤汁，光亮入味，如酱肘子、酱鸡、酱鸭、酱牛肉等。酱法的主料常选用新鲜未经腌、冻的荤料，因原料中鲜味损失少，故酱菜味更浓烈，原料酱之前，需改切成块，过大不入味，酱料未经盐腌稍腌，成品刀切后易松散，无胭脂色，但营养成分流失少。酱在口味上一般为咸鲜味，略有甜味，也有添加丁香、八角、桂皮、陈皮、葱、姜等，有浓郁的助味作用。

三、小酱小技

在我们家乡，称面酱为小酱，进秋后把切碎腌过的红辣椒用石磨碾细成酱，成稀糊状与小酱合拌，加点香葱香油浇在白白的豆腐块上，撒点干虾皮更好，以它下饭佐粥至今未忘。炒菜用酱，20 世纪 80 年代初，在镇江大市口镇江饭店学习，见俞嘉仁与北京风味大厨祝师傅试做酱爆墨鱼花，其光亮的色泽在灯光下闪亮，酱香鲜气弥漫着整个厨房，芡汁紧包麦穗鱿鱼卷，刀纹中露出均匀的花纹，火候恰到好处。鱿鱼进入七成热油温中，四五秒后，用钢丝漏勺迅速捞出，倒出热油，下入葱姜蒜末，见香气出，倒入鱿鱼，再迅速倒入蒸过的熟酱和料酒、味精、胡椒粉兑成的味汁拌匀，淋几滴香油出锅，盘中四边已有先处理过的嫩青椒，鱿鱼卷与油亮翠椒相伴，悦目美观，盘中冒着香味蒸汽，服务员快速端出，快步上楼入席。

俞师傅还讲，烧茄子必放酱，农村有酱焖茄子之说，形容一个人性格孤僻，以犟（酱）脾气称之，因此，凡烹烧茄子必加酱才能出味，这也是一个门道。

四、施酱认识

首先是酱的品质。就咸味酱而言，酱的品质也分等级，最好的酱必是梅雨天面饼、豆类蒸熟发酵的，暑天暴晒，伏天久晒，酱不能沾上水。

选头道酱，色红亮、味香为极品，若在头道酱中取出分离的酱油，味逊，名为二道酱。在二道酱中腌过乳黄瓜、嫩豇豆等精致蔬果后，称为三道酱。第四道就是选三道酱腌过高档原料后，再腌胡萝卜、青椒、茄子等大众菜之后的酱渣。

其次是酱的使用。头道、二道酱大缸出，大坛盛，用于炒、拌、烧均出味，三道、四道用于炒大锅食堂菜，烧豆腐萝卜、冬瓜、茄子等粗菜使用。酱的使用也有讲究，高档筵席入味用酱，必用熟酱。何为熟酱？即把无豆瓣的酱加香油、白糖水、味精溶化后入笼蒸二十分钟，取出冷透，可拌、蘸和卷饼与鸭皮等荤料食用，也可卷生菜百叶，用于酱爆，需把蒸过的冷酱下锅用葱姜油炒起泡出香味，再下主料，忌中途加水，否则菜不亮不香；有的豆瓣辣酱，需用刀把酱剁细，再下锅用葱、姜、蒜炒匀，加水或汤用小火熬十分钟，至红油出，香气聚，取出冷却后用于炒煎。因后者咸气重，兑水熬过后，易溶味且不散失。常见市场上小瓶装的酱，多为生酱。

酱是有咸有色在前，在烹调菜肴时，凡用酱者必先放酱，看其味与色，若不足，再补加咸味与色，避免色深味咸。烹制火腿或咸鸡、鸭、咸猪脸等腊味料，几乎很少见厨师加酱烹调的。施酱特点是：用酱必配点糖，热菜用酱必配点蒜，冷、热菜用酱用油必重些，味浓色亮，热菜用酱调味的，无论粗细菜，力求上桌热烫。

酱与味，有酱必有味，大味必有酱类，酱的特色也将会被大家逐步认识。

调味有酸、甜、苦、辣、咸五味之说，这五味中都是烹调的主味，至于谁主谁次，全在因料施技，调味的最终目的是美化主料、丰富味道。上述一点点粗浅之见，全当消遣。

2013.4.23 19:12 于南京龙蟠中路

油花

近读宋代周敦颐《爱莲说》："水陆草木之花，可爱者甚蕃……世人甚爱牡丹。予独爱莲之出淤泥而不染……予谓菊，花之隐逸者也；牡丹，花之富贵者也；莲，花之君子者也……"。

传统花卉，备受世代文人雅士所钟爱，梅、兰、竹、菊、牡丹等花草，纷纷以其为题，或诗、或画、或感慨，把花卉拟人化，称梅花为冷艳，莲花为君子，竹为气节的象征等。

花卉供人欣赏，芬芳香气，怡人心肺，色彩鲜艳，丰富了人类的生活，有的可食用、也可入药，它们固然受到重视。本人认为，与人类生活密切相关的各类油脂，对于烹饪和人体健康也有着无可替代的价值，以美味、油亮征服了人的味觉和视觉，以浓郁的香气满足了人的嗅觉，以含有丰富的营养素满足了身体新陈代谢的需求，也功不可没。

于是，本人把食用油类，如花生油、豆油、菜籽油、芝麻油、棉籽油、色拉油、猪油等，试着对其分别拟花化，看看是否有意义呢？

花生油是被广泛认可的烹饪用油，色透明，纯足金色，清澈明亮，适用于任何食材，可热炒生拌，入味不带色，油炸油烟少，烹调香气浓，无泡沫、无异味。花生油自身不仅带有淡淡的香气，而且是含有人体必需的脂肪酸，属于品质优良的油脂，把它比作花中牡丹，富贵高雅，入得了国宴，登得了乡筵，应该不为奇吧。

大豆油是由大豆压扁、高温蒸、高压榨而成的稠浓液体，有浓郁的豆香，呈棕黄色，烹调后有少量泡沫，生拌菜有豆腥味，与蛋白质原料在水和温度的作用下，易乳化，汤白如奶，但与蔬菜同时加热后，附在菜肴上有一层浅黄色。大豆的植物蛋白易于被人体吸收，所含亚油酸、亚麻酸极为丰富。在物资不发达的年代，有人把豆油直接拌于饭中，作为热能的来源，促进青少年的发育和成长。因此，把豆油比作菊花最为适宜，色相近，两者比较，豆油益人，菊花去火，均具备养生特点，同时两者的香气与同类比较，都是抢香型，不掩饰自己的特点，菊枝杆与豆枝杆也有相近特点，干瘦，宁折不弯。

菜籽油，各类青菜、芥菜、油菜等菜籽榨成的油统称为菜籽油。它的特点是色深黄，透着一些深青色，略有刺鼻的味道。以它烹调，必须先入锅中加热至六成热后，让存在于其中的芥子苷碱性物质挥发，再倒出冷却后烹饪，这样炸制食材不会出现泡沫，以它炖烧菜肴，最适合红烧类型的菜肴。宁波、四川等地厨师擅长使用它，用它熬制复合味油种非常适宜，香气醇厚，与猪内脏和骨骼类材料同炖有营养互补作用，菜籽油所含营养物质也很丰富，因油菜中的某些物质有保护血管作用。只是加热后油烟多。以它比作花卉，应该是与荷花相近。油菜叶与荷叶都是非常茂盛，色碧绿，光合作用强，荷花无论生在什么地方，都有一片绿浪，一抹清香。

猪油，猪油也是人体脂肪的来源之一，它有洁白、油润、添香的功能，因含有饱和脂肪酸，遇低温易凝固，烹调时与香料结合后，香气浓烈，其分子结构易溶于水，烧鱼汤极易转白，和面粉在一起有酥脆的效果，猪油的脂肪在人体内可快速转换成热能，也易于人体吸收和储存。猪油是猪肥膘和内脏网油经蒸或熬制。在20世纪70年代，肉联厂肥膘供不应求，后腿精肉不受欢迎，因为当时大家肚子内缺油水。我把猪油比作白梅花，色不艳，果不甜，形不美，叶不妖，不太受人欢迎。梅花也有香气，常被人忽略，在百花盛开时，忘了它的个性，在没有花的季节，又念起它的铮铮铁骨；尽管备受争议，在人们的情感上，对猪油有爱有恨，但是猪油和白梅一样，照样如常，不会被取代。

至于芝麻油、棉籽油、橄榄油、茶油等各有特色，我们以诗一样的情感去洞察它们，同样能发现它们的深邃；以欣赏名画的眼光看待它们，就会发现它们才是我们生活中最重要、最美丽的油花。

烹调时，往往在菜肴出锅前用手勺沥几滴明油出锅，增加光泽。在清汤上桌前滴几滴香油，浮于汤面，由大小圆组成的圆圈，充满了香气，我们行话通常称它为油花。

油变化无穷，它们的确有着花一样的美丽。

2015.1.12　23:33 于江宁

治味

在今天的微信朋友圈中，搜出几张感觉好吃、有味道的图片。这些图片，初看粗糙，色彩深红，谈不上精致，但细看琢磨之后，这图片的出品，有着共同的特点：入味、可食性强，放在面前有着诱人下箸的欲望。

现在厨师长们普遍认为：做菜难，难做菜，做名菜更难，做成畅销的经典之菜，如登天之难。

社会就是在不断追求创新、不断完善的过程中，才有了各行各业的飞速发展，也就有了不进则退的现实。

想就这个"味"字，说说自己浅显的认识。

我受到色、香、味图片的影响，看到好菜不免评论几句，算是看图说话吧。

烹饪是一个职业，属于国术，生存必需的技能。民以食为天，食以味为先之训。

味，是口味、味道，泛指烹调工作及烹饪概念的称谓表述。

简单地说，由专业技术人员按照符合烹调原理的加工方式对食品原材料进行加工，以满足就餐人员的口味需求为目标的一系列程序的操作过程，传统的叫法为做菜，科学描述为烹饪，深层次的论述为治味。

何谓治？治疗、治理、治国，均用"治"，这不是简单任性的工作，是需要分析、了解、掌握规律特点后，为选中最佳表现效果而选择使用的系统理念，达到众多人认可的方式方法，我觉得，这就是治的内涵。

治味，不简单。难在什么方法治，治的原理和依据是什么？味，有腥味、臊味、膻味、苦味、酸味、酱味、碱味等若干，古人一句话概括：一物一性，性味相依。扬其性，如突出河水中产品之鲜，这叫突出本味；加入调味材料，扬其味；加工家畜类，用调味料去除异味，那叫避其短，专业术语叫作去除异味。以慢火的功夫，发挥食材的个性之味，香醇，这就是治味现象。

调味品如花椒、辣椒、洋葱、香菜、孜然等个性特点是穿透力强，又称抢味、夺味之材。

味，有味型之味，如宫保、鱼香、糖醋等。又有经典味道之说，如北京烤鸭、扬州盐水鹅、无锡脆鳝等综合技艺加工的著名菜式；淮安软兜、金陵炖生敲，这些传统名菜，其味道特点已深入人心，又称为乡味，提起它，有眉飞色舞般的亲切，那是厨者先辈们实践总结出来的地方特色味道。

味，是不容易表达的东西，它又与我们如影相随。要了解它，必须熟悉它、研究它，才有利于我们进一步的发掘创新。

味在个性，味在可口，味在恰当合理。合乎食疗保健要求有"口之于味也，有同嗜焉""适口者珍""割不正不食"的理论要求。

进入厨界，遇到一个味字，有着无数个"味"的深奥。互相作用，或多或少，在温度作用和时间的特定环境里，同样的食材、同样的加工流程、同样的调味料，同一厨师加工，在相同的季节环境，因某一环节（如加热时间）的差别，而产生不一样的味型、味感。《吕氏春秋》曰："鼎中之变，精妙微纤，口弗能言。"这就是最重要的关键，即技术。

技术为味服务，味道体现技术。技术何来？是师傅的传授和厨师的不断研究总结、若干次实践而得到的。

话题回到原点，各类出品，色相近，味不尽相同；材料相同，而烹调细节不同。一师一法，一菜一味，它们有许多不同点，为何共同点是一致的呢？

因为它有一个特别的规律：出味、入味、有味、至味。每一道菜，都遵循了这个程序，围绕这四个点的需求，而到达终极目标——至味。

首先是出味，即用火与切配的方式，加上相应的手段，如烫、泡、洗、腌、炸等方法，突出主料的特点，或香、或鲜，把主料的个性味道发挥出来，就叫出味。

其次是入味，就是按照对食材的烹饪设计要求，选用突出主料个性或者丰富主料某些薄弱环节的不足，最大限度地通过汤汁、火候、调味品使主料保持或改变个性，使出品达到色、香、味、营养的设计需求，在质感上酥烂或鲜嫩，在味感上具有表里如一的效果，在触感上具有食者约定俗成、久而久之形成的口味习惯，那就是入味。

经过扎实的出味和入味两个重要步骤，菜品的特点丰富了，优质的出品出现了，有了品质，专业上称为有味。有了"味道好极了"的口碑，也就达到烹饪治味的目标。至味，体现在最佳的口感、最丰富的口味，简单而浓郁的香气征服食客味蕾的个性，那就是至味。

美味是由人工加工而成，美味出现的基础是选择食材和业者的认真和研究。治味是一门技艺，又是一个综合的传统实用性的学科，文学巨匠茅盾先生讲过："烹饪当属于文化范畴。"

关于味，一点见解，仍要与时俱进的研究总结。

2015.6.23 14：30 于江宁

施醋

醋，调味用的有酸味的液体。通常以米、麦、高粱、甜高粱或酒、酒糟等酿成的含乙酸制成的液体，是调味品中常用的一个种类，统称醋。旧时又称为食醋、酢、醯、苦酒等，是烹饪中不可或缺的一种酸味调味料。它又分为有色、无色和红色三个系列。以酸性度浓淡、颜色深浅变化、风味、产地等又分为多种品牌。《周礼·内宰》有："施其功事。"《书·说命下》有："若作和羹，尔惟盐梅。"孔传："盐咸梅醋，羹须咸醋以和之。"据此，本文以"施醋"为题。

据有关文献史料记载，酿醋的历史至少也在三千年以上。醋和酒、酱一样，是一种十分古老的酿造调味品技术。据现有文字记载，以曲作为发酵剂来发酵酿制食醋起源于中国，"酉"是"酒"字最早见的甲骨文字，"醋"的形旁是"酉"字，说明古人可能是由酒产生出来的方法推理，而造出"醋"字。同时把"醋"称为"苦酒"，也同样说明"醋"是起源于"酒"的。

醋，历史悠久，香浓味酸、爽口开胃，还是清洗瓷具、玻璃等器皿的增光剂。在烹饪上，醋可以丰富口味，解油腻，去虾蟹腥气在保健功能上，醋可以帮助钙、磷、钾等无机盐类的吸收，醋属碱性质，可改善酸性体质，食后可降胆固醇、软化血管等。

下面谈谈烹饪常用的施醋方法。

第一，醋是清洗剂。我国食用材料众多，尤其动物内脏，自身带有很重的异臭味，如果不会清洗，会给后面烹调带来不良的异味。淡水无鳞鱼类，表面有一层黏液保护层，含有蛋白质成分，原料烹调后表皮会有一层白膜，很难去净，虽无害，但看上去不清爽，加点醋，翻拌几下，清水冲洗沥水，表面光洁。举例：清洗猪肚、猪大肠，先用盐翻拌（一次150克盐，肚肠各一件），抓捏5分钟，清洗后闻一下，见异味仍重，用上述方法再清洗一遍，用剪刀剪去污染后的油脂，加2汤匙香醋拌匀，有去异味的效果，经过清水洗、焯水、复洗后，抓起闻一下，异味全无。黄鳝、鳗鱼、泥鳅、昂刺鱼（又称黄辣丁）等，改刀后，烹调前，加5%的醋，翻拌清洗，黏液皆无，生炒鳝丝、鳝片，用此法效果好。

第二，醋是增香剂。烹调美食佳味离不开水产食材，尤其淡水类鱼、虾、螺、蚬、蟹等。在菜肴出锅前加点醋，有助香去腥的功能。先讲一个真实的故事：十多年前，和现在西官大酒店总厨杨兵去上海经城隍庙品尝蟹黄汤包、生煎包子，在排队候桌时，见一对夫妇，点了一份清炒虾仁，色粉红，知是活河虾所剥，粒不大，但均匀炒得好，粒粒清楚，无一滴油芡，重约120克，见他们每夹一筷，虾仁必蘸面前牛眼大小醋碟中的浅色米醋，然后眼看着筷头缓缓地把虾仁放入口中，细细品尝，一小撮虾仁，夹起、蘸醋、入口、品味，每一粒必行四个程序，足足吃了半个小时，让我真正看到品尝美味的美食家做派。再简单地说一说韭香粉丝蟹黄羹的施醋方法：锅上火烧热，加小榨黄豆油或猪油，放入葱姜细米炝锅，下入活大闸蟹蒸后挖出的蟹膏、蟹黄、蟹肉 200 克，小火略煸烹料酒，加水一汤盆和剁细的地瓜粉丝 200 克，加盐、味精、白胡椒粉，见汤沸，勾芡，沥淋二只草鸡蛋液，推入 30 克嫩韭菜末，加一调羹（汤匙）香醋，搅拌见羹沸倒入汤盆上桌食用。此菜，色丰富，味鲜羹烫，有醋香而无醋酸，我爱人擅长烹此菜，得我母亲真传。

第三，醋是增味剂。现介绍的"糖醋排骨"是妇女、儿童喜欢的家常菜。方法是：600 克猪肋排，斩剁长 6 厘米左右，焯水，砂锅上火，放入排骨加水平齐至骨，加白糖 150 克左右、香醋 75 克左右、老抽几滴、八角 2 只、青葱 2 棵、姜 4 片，大火烧开，转中小火炖 60 分钟，揭盖，尝味，补加点糖和醋，使骨亮菜香，收干汤汁即成，色红亮肉酥烂，味香浓。这里加醋有开胃解腻的功能。

第四，五味调和醋独香。醋是凉拌和吃水饺时不可或缺的调料。最能体现施醋技法的功夫是在烹调过程中施醋，如北京抓炒肉、南京料烧鸭、烹刀鱼、上海炒鳝糊、扬州醋熘鳜鱼、四川宫保鸡丁、鱼香肉丝等，都离不开醋，或多或少，或早或迟，都有醋的韵味。现举一简单的料烧鸭兑汁炒的方法：熟烤鸭肉切丝 200 克，韭菜薹 120 克，取小碗 1 只，放料酒 2 汤匙、生抽 2 汤匙、白糖 90 克、香醋 2 汤匙、胡椒粉适量、少许水淀粉等搅和成复合甜酸鲜味汁，锅上火烧热，油煸蒜蓉，再下韭薹炒至转色，下熟鸭丝翻炒，见卤汁起泡倒入味汁拌匀，淋香油即成。卤汁包菜，味甜酸香浓，汁油亮，佐酒下饭，老幼皆宜。

醋在烹饪的使用上非常广泛，也大有讲究。会用醋者，助味增香，巧用醋者，锦上添花，科学用醋者，事半功倍地发挥原料的营养价值。日常生活中用醋也有学问，用少了无效果，用多了失相失味，至于四季烹调，因菜、因材料、因季节、因客情，更有"只有意会、不可言传"的感觉。用醋之法，区别于用盐、用油，是酸、甜、苦、辣、咸五味之中比较难掌握的技艺，看似无玄机，实则不寻常，需"冰冻三日，非一日之功"的积累。

第五篇

地方美味

大刀回锅肉的印象

刚才看南京电视台十八频道《标点美食》节目，见四川女孩示范川味回锅肉的做法，让我想起四川经典名菜：大刀回锅肉。

2000 年初，老领导的儿子在中山东路开了一家酒店，让我去协助开业、管理，后来因多种原因，我离开不久就转让了。

现在分析，当年装潢设计只考虑到扩大餐位，考虑不周全。首先是忽视了空间设计，造成包间拥挤，影响了前台服务质量，通风也不畅，属于急赶型；其次是酒店的出品定位是正宗粤菜、川菜，口味偏辣；三是缺少江苏实惠的菜和适中的口味过渡菜品，让客人觉得菜价高吃不饱，辣得受不了；还有就是酒店定位和酒店环境不协调，逊于社会餐饮的审美环境，定位以我国香港、深圳等地高档菜的价格，环境不达星级标准，造成花大钱却吃不出面子来；

以店貌进来的人，又点不到相适应的菜；加上门前封围，开车进来不方便，又无停车场。或许这是经营不善的原因吧。装潢花费 200 万元，后因资金周转不过来转给了银行。

我在那里免费工作一个月。听老板讲，四川有大刀回锅肉，我回到军内单位后，带人去四川学习。先到成都军区，由接待办安排住下。经询问在四川一个镇上，就是出土三星堆遗址的地方，单位派车把我们送到镇上，让我们在最著名的一家学习祖传大刀回锅肉。

那个店铺在镇上，自家的房子，自家的店。先进到前厅，到了后院看到几大缸腌酸菜、泡萝卜，上面漂着一层白沫，呈慢慢发酵的状态。与东北的腌泡酸菜和广西的酸汤鱼发酵原理一样，低盐、低温、长时间在无阳光照射的环境下，利用植物性原料在乳酸菌的作用下发酵，使植物中的蛋白质在温度和低盐作用下水解变性、变色、变味，而植物性食材主体不腐烂，不过分失水又不产生异味，出现带有酸性的菜品，加热后产生鲜味的效果。这种变化的优点是既保存了食材，又能调节人体内酸碱平衡。

我们去的人中，记得有一名战友是代表东宫去的。为了学到真经，必须进入厨房，现场学习。好在老板开明，先让我们点了菜，然后让我们现场观看操作流程。

记得老板把一块带皮重七八斤的猪肉去除了肋骨，焯过水的五花肋条肉，用长方形大片刀切下一块（平刀长 25～30 厘米），见猪肉中间仍是生的，然后切下薄片，长度与刀的长度一致，放入配菜盘中，配上葱节、姜片、干红椒节、蒜头碎粒、花椒粒和青蒜苗梗段辅材等。见老板把厚铁锅放在炭火上，锅热，臼了一勺油，用手勺搅动，使锅底吃透油，下入三成熟的肉片，在中火上煸炒四分钟左右，见肉片卷曲，肥膘出油，下入干椒、花椒、豆豉和蒜蓉炒出香味，见肉片表层有浅黄色，并闻到肉片表层发出油渣的香味，下入少许白酒和半勺正宗四川郫县豆瓣酱，见酱出红色，肉片上色呈红褐色，下入蒜杆炒拌，见肉焦香、酱蒜香、豉味香涌出，青蒜梗变软时，出锅装盘。

特点是肉片入味，色红亮，香气扑鼻，盘中油汪汪的。夹一筷入口，油润丰腴，酱香、辣鲜、辣香、锅香、青蒜香全有了。

回来后试做，反响很好。后来不供应，原因是无当地黑毛、薄皮、瘦红、肥白的农家猪肉。它的肉，紧实有弹性，油脂渗透其中，无水分，更无注水，另外必须用那边的葱、椒、蒜、酱，才能发掘出丰富的味道和诱人的鲜香。

制作关键：炒制忌加水；煸肉出香出油看火功，不能中途停火；盘中的油不能少，有人认为见肉出油应滗出，再调味，肉片干燥失鲜缺香，那样必失败；各种调味料的使用全凭厨者对菜肴特点的理解。

这就是大刀回锅肉的魅力。

江苏厨师做这道菜，喜欢加包菜、豆腐干、洋葱、青椒、海带等作配料，认为吸油出味，配料好吃，就好比一只老母鸡炖一大桶水鸡汤，这汤和清水比是有鲜味，和名菜要求比，就是相差甚远。名菜之所以有名，有它的原理，不可随意更改。

坚持、坚守、克服困难，在名菜的味道传承上，自己没有随便，就无愧于名菜的盛名了。

2015.3.2 21:01 于六合

剥龙虾

龙虾在南京的饮食风头似乎压过了金陵鸭馔甲天下的代表佳肴盐水鸭。

我这人，对于盐水鸭和龙虾类菜肴属于若即若离的关系，即百姓常说的一句话"有它也过年，无它也过年"的态度。

有人会说，你对美食没有激情了，该退出汹涌澎湃的吃喝大军了，该在家吃你的稀饭，就点小菜，慢慢地自我欣赏，自我怀旧去吧，不必在这里扫大家的兴致。

事实上美食的诱惑力，是不分年龄的。

现在南京的盐水鸭，摊位仍是星罗棋布地分布于大街小巷，排队剁鸭子的长龙，每天都在复制。可是，在众多盐水鸭子面前，许多人茫然了，到了无可奈何的境地。为什么呢？过节、来了亲友总得尝下特产鸭子吧，运气好的能够吃到肉嫩、皮白、鲜香、油润、白淌淌的鸭脯，佐酒下饭均是百吃不厌的佳品。可是如今啊，有时遇到夹在筷子上的鸭子，逼着你眼睛先盯着看看，再用灵敏的鼻子闻一闻，生怕吃了无味、无嚼头的冻货或者是流水生产线上下来的美其名曰的"金陵特产盐水鸭"。

关于龙虾，前几年，我也是喜好那一口，诱惑我的是活物。虾是活的下锅，简单的调味，煮出的汤卤上面浮着一层虾黄，手剥头壳，筷头沾点汤汁于虾黄上，吸一口，味与虾脑经过舌尖下肚，然后手撕头部两边的虾鳃，将头淹入卤中吸味，迅速送入口中，一口咬下，连黄带壳嚼嚼，又细致地吐出薄壳，着急的就直接下肚。再下来，右手两指头，捏扯下虾尾，左右摇拽一拉，有时顺带出一根虾肠，用筷尖从尾端捅进去，挤推出完整的白胖虾仁，有的上面沾上一层红皮，顾不上撕了，就手把虾仁在卤汤中拖过，送入口中，这时口中的还未咽下肚，眼睛与右手又转向大盘中去……

吃龙虾解馋、过瘾，透鲜，几人围坐，边剥边聊，啤酒干了，兴致到了，面前一堆壳子，这就是吃龙虾的乐趣。

我近几年见龙虾就躲，说实话，伸手不吃个七八十只，哪能尽兴呢？一盘龙虾，常常人均三二只，脏了手，溅了衣服，用略略浅尝形容，真不值得。

另外，有的龙虾，已然是名品，我吃过珀金赵成来在紫金楼做的炭烤、清水、红烧、奶香等系列龙虾，只只大个子，是湖南产的青壳薄皮虾，生长环境想必是大湖大水中，那虾肉肥腴鲜香，遇到品质好的龙虾实是一种记忆犹新的享受。

延龄巷的金顺龙虾和烧鸡公，那个性鲜明的味道，让你吃了忘不了，老板娘知我会吃，每次赠我几份鸡血，我是她家最早购买龙虾的顾客。

在别处也吃了不少龙虾，在部队餐饮或与我关系非常好的友人、学生、徒们，他们加工得认真细心，也根据我的喜好制作的，均无可挑剔，难为他们的一片情谊。

去年夏季，有人让我去湖南路上一家龙虾店"指点"一下。上午九点多到达，未进门就闻到了一股味道，原来是夜市的摊子未收一片狼藉，掉头就走，对老板吩咐带钱跟我去湖南路新开元熊士伟那里去尝尝龙虾吧，他家龙虾烧得入味肉不老，味道有变化，吃了你就知道，不懂问他们去。去了尝了四个口味四大盘龙虾，大家尽兴，很感谢熊士伟的扎实功夫，不跟风不模仿，针对自己的客户群，研制出的有个性的龙虾。

前天晚上，邀请一众朋友去吃龙虾，四大盘四种口味的龙虾端上桌，都忽略了冷碟盐水鹅等几盘精致小碟，那色彩和香气让秦大厨惊着了，逐一尝了汤，剥了肉，对四种口味的龙虾分别总结特点，认为味道见功夫，风格有个性。

我手剥龙虾不停，大快朵颐。对开元阁熊士伟总经理讲，不要上手工包的韭菜水饺，来碗手擀面，让我们用虾卤拌面。

喝了几杯威海来的冰梅酒，尝了未变动的龙虾美味，真是过了一个愉快的聚会，留下了关于龙虾的美好记忆。

龙虾年年红火，味道依然稳定。该谢谢南京业界朋友们，寻常食材，经过大家的努力，让南京的名菜谱又多了一批系列至味至美的龙虾。

2018.5.26 5:16 于江宁

独擅鱼头

南京唯一专营千岛湖鱼头的店，上午在江宁将军大道剪彩开业。

店面装修一新，近八百平方米的深水低温饲养的有机鳙鱼，每条十斤以上，生长期达五周年，今起面世。

前几年有传说，南京市场的大鱼头多是外地鱼运到南京，在附近水域中洗把澡，一个月之后去其外地鱼的黑质，然后推向市场，在秋冬季节鱼目混珠地瞒过食客的舌尖，在大把香菜、大把姜米、大量胡椒粉的掩护之下粉墨登场，看似汤奶白、肉质紧实，滚烫的液体顺溜地进入喉咙，吃了喝了之后，抹一下头上的汗珠子，直夸鱼头好、新鲜，未下过冰箱，好印象就深入大脑，根深蒂固地了。这对外行人来讲，实惠可口，尝了名菜，又满足了心理需求。

今天中午，席上端上一大盆，锅盖边垂直喷着蒸汽，顺着气体扩散，鱼头鲜香之气迅速弥漫开来。

大伙睁着眼睛观看，只见大砂锅内白汤沸腾，接着是服务员热情介绍："这鱼头，是地道的来自千岛湖鱼头，个个活蹦乱跳，在水深三十米的环境里生长，属于不缺吃喝的福气鱼……"一边听服务员介绍，鱼汤趁热喝，赶紧先打一碗，有头有脸，低头尝一口汤，我见大家都不吭声了，干啥呢？被鱼汤吸引住了。

我有想说就说的性格（不提倡哟），对老板马总讲："鱼肉鱼头无腥气，鱼汤入口清爽、还带有香气，夏天鱼在生长期，体内含水分多，要让鱼汤有质感（味不薄，肉有筋道）不容易，应该是老食材，新味道，超同行。"

在南京，有这样的品质，保持三个月，必然会出现一道砂锅鱼头界中的标杆。

我有依据：其一，深水低温生长期五年有几家能达到？其二，鳙鱼头入砂锅，后半截切小块，入笼干蒸半小时，然后下复合油干煸去水分，见鱼屑转浅黄，冲入沸水，再大火煮一刻钟，汤白胜奶，汤香来自鱼体内的炒香；其三，活鱼头切下剖开，清水加葱姜泡后，去血水腥气，用大浴巾吸干内外水分，放入热鱼汤中煮十五分钟，调味盛入从烤箱中取出的热砂锅中，加盖上封条，入席由第一嘉宾揭盖头……

席上有人问，生长五年的鱼肉怎么很嫩？因为溧阳某湖鱼头在锅中上火时是四十分钟，鱼肉当然成了老母鸡脯了。

鲜味渗出，鲜嫩何来？夸奖菜品，不能忽悠，不信大家去尝尝，品质好不好，舌尖明白。

酒店鱼头是主打，还有东南亚大赛金牌菜玻璃乳鸽和脆皮藕夹，另外还有其他几道构思时尚的出品，可以说："吃了，筷子就丢不下来了。"

谢谢大家。上渔千岛湖鱼头馆等着我和大伙呢。

2019.5.28 16:55 于雄州

淮左名馔——炒软兜

前几日，江苏一位餐饮大师对我讲："大暑到了，气温高了，正是黄鳝味道最美的时候，这道菜，不仅是两淮的地方名菜，更是江苏风味响当当的名片。但有不少厨师，不完全熟悉这道菜，往往是照葫芦画瓢，走味（样）了。这样下去，会糟蹋经典美食的形象。你去整理一下这道菜制作有什么要求，菜品怎样才算达到标准。全面的分析总结一下，让业界看到，让厨师看了就明白，炒软兜的方方面面的知识。业界和厨师领悟后，经过过渡期，那样炒软兜就要热销了。"

一、炒软兜长鱼与炒软兜的乾坤

领命之后，自知才疏学浅，淮扬菜博大精深，炒软兜一菜，看似简单，但越简单的菜，越难出彩。往往这菜一学就懂，一看就会，一做就完，为啥呢？质感、油润、鲜嫩、爽口等感觉全跑了，因此，这道菜能在哪个饭店的菜单上，坚持三年，那么，这个店，无论名店还是路边小店，生意必然红火。

为什么？咱先卖个关子，且看下面抽丝剥茧。

为了这个任务，我要查找正宗的源头文字。据传，在现在的淮阴区、清江浦区等地，没见文字记载炒软兜的前世今生，要查就找改革开放后，由财经出版社出版的二十多个省级单位独立编写，由省级组织名厨口述整理的名馔菜谱。这一套书，有承前启后的作用和意义，其中文字和方言等专业词汇的表述，有着历史的烙印。

我在《中国菜谱·江苏》一书中，水产类，第 67 页查到"炒软兜长鱼"，细数文字 13 行，字数约 230 字。这一经典名菜，就这样轻描淡写地说一下，不细看，真看不出其中暗藏的众多信息。

现在的黄鳝，最早的名称叫长鱼。菜谱中菜名为炒软兜长鱼，而不是简单的炒软兜，更不是炒软兜黄鳝。这样一分析，明白这道菜的烹饪方法是炒，或称软炒，熟炒的别称，简称炒。制法当然不属煮炸蒸等这一类烹饪方法。

软兜长鱼，说明两个意思：软兜是形态调味，长鱼是主材。再分析，这道菜有着数百年的历史，唐代诗中称今天的黄鳝为长鱼，说明现在的响油鳝糊、梁溪脆鳝的历史是在软兜长鱼之后才有的。再细考，炒软兜，这道菜名是简化了，未能完全表达炒软兜长鱼的意思。

二、炒软兜与炒软脰

20 世纪 80 年代中期，扬州大学烹饪系朱云龙老师为部队授课，我向他请教："在老家炒长鱼丝，怎么到了大城市，就叫炒软兜呢？"他回答："淮阴即两淮地区，淮字义就是水多。早期的时候，这里水草茂盛，泥土肥沃，最适宜长鱼的繁殖和生长。这东西有个特点，水多，它游到靠岸处打洞，吃浮游生物为生，水少就钻到烂泥之下，在水多人少的时候，长鱼就如现在的龙虾，不稀奇。这个东西难捉，古代用蒲包盛放，经不住钻，于是捉了长鱼，就用布袋盛放。回到家里，将它放沸水中烫一下，用薄竹片片划二刀或三刀，撕去内脏，加点韭菜炒一下，增香助味。野生环境下生长的黄鳝，品质好，炒出的长鱼丝有弹性，夹在筷子上，两头向下垂，如女性胸前的布兜轮廓，故称炒软兜。"听了介绍，似懂非懂，总觉得有点牵强附会。

我家是四代从厨，自小就见父母炒长鱼，炒菜时，经常讲一句，用团粉兜一下，就是勾芡的意思。我想软兜这兜，说不定就是勾芡的意思呢。

另外，听一位饱读史书的文化官员讲，现代餐饮界把软兜的名字误读了，应读为炒软朒。《康熙字典》对朒的释义是：脑后的肉。回头看，炒软兜的选料，确实是黄鳝脑后的脊背肉，这个说明，应该不属于忽悠吧。厨师队伍大多文化基础较弱，或许真是误读了呢。

三、炒软兜的技术分解

通常菜谱上介绍，选笔杆（古人毛笔杆）粗的小黄鳝，一斤为五六条，大小均匀，盛入布袋中（会乱窜）。

锅中放入5升水，加上葱结1个、姜3片烧沸，加入5克盐、5克米醋，然后将布袋（2斤重的长鱼仔）放入锅中，烧开，离火焖3分钟，倒出。原水再加入少许水，水温至40℃的时候洗去黏液，将其取出后先在肚子上划一刀，鳝鱼切口朝上；再浅划二刀（竹片），划得深为两条脊肉，划得浅呈连体两片。趁热撕去凝固的鱼血条和内脏及鱼胆，把脊背理顺，长的鳝背，在中间切一刀，小的鳝背就不改刀，又称虎尾，然后上灶烹调至上席。

这个过程很快，烫黄鳝至九成熟。过烂，鳝肉则散；加盐，使鳝背肉不开裂；加醋，去其腥气，这是教学讲的细则。开店经营，一般都忽略不计，只要背皮不开裂，就不走味。若盐多，黏液就附在背上，难看，醋多了，会冲减鳝鱼的鲜味。一句话，动作要快，从烫杀到上桌在30分钟内，软兜端到客人面前，味道绝对，这叫现做现吃。若划好鳝背，下过冰箱4小时，那再出来的味就差了，入口有死鱼气。

上面是初加工，后面是烹调。

刚划出的熟鳝背，切忌下冷水洗。烹调常见的流程是：先把蒜头拍松切碎粒，姜切末状，辅料10：1，韭菜切段。

水芡粉加盐、三伏酱油（不是生抽）、少许香醋、味精、白胡椒粉、料酒兑成综合味汁。

大锅上火，烧沸水，把软兜主材倒入水中烫一下至热透，快速捞出沥水；小锅上火，下猪油加蒜姜炒香，倒入鱼背翻炒，烹时放入少许料酒，下入韭菜，泼上味芡汁，出颠锅翻身出锅。三花两绕，眨眼工夫，一盘乌黑油亮，香气扑鼻的炒软兜出锅了。

其特点是卤汁紧裹鳝肉，吃口鲜嫩绵软。

还有，炒软兜用的团粉，即蚕豆粉或地瓜粉，若选择土豆、玉米之粉，会影响口味。

三伏酱油，是以面粉和黄豆制成蒸饼，冷透切片发酵，然后泡熟盐水中，两三个月，过滤取原汁，用于炒菜蘸食增鲜。

四、炒软兜之外的分析

传统的调味，仅是料酒、酱油和香醋，不加糖和香油，更没有加青椒丝的。

现代的炒软兜，常见有加进少许白糖，来丰富其口味的，对于这些现象，属于与时俱进吧。

人对口味的追求，就是求新求变。在味上适当的微调，无可厚非，但作为经典名菜介绍或推荐，还是谨慎为要，吃饭与品尝，食用与欣赏还是有层次差别的。当然，食无定法，适口者珍，消费人群的需求不同，必有差异存在。

大师交代的任务，感觉完成得一般般，必有谬误不少，还望与业界友人共同探讨。

前面卖的关子，明白了吧，一菜一味，必须熟悉了解它，根据其特点，不断复制和修正，稳定的品质，才有稳定的客源。方方面面想到做到，并保持初心，善待食材，诚对客人，才会越做越好。而不至于，店堂光鲜，出品凑合，那不是如前面所讲，一做就完。

宋朝在苏北和江淮设淮南东路和淮南西路，淮南东路称淮左，淮南西路称淮右。淮右多山，淮左多水。

水多的地区出鳝鱼，故本文名字叫《淮左名馔——炒软兜》，请大伙看看，是否切题？并请多多指教。

感谢花惠生大师全力合作指导。

2019.7.24　13:03 于六合

家传味道——蟹黄羹

下午接到一朋友电话，询问蟹黄羹的做法，口头介绍还不行，还得文字详细介绍。吸取教训，下次再来，可不能再做好吃的了，否则又有要求了，当然是玩笑话。

蟹黄羹，见名便知这羹是以蟹黄为主烹制而成的。一个菜，能深入人心，受到食客认可，必有它的道理。

先说蟹黄，中国螃蟹出名的地方有阳澄湖、洪泽湖以及湖南、安徽等地沿江的沟河港叉等，中秋之季，都有蟹的出没。

现在人工养殖蟹多了，味道大不如前了。一般人以为，蟹肉是从大螃蟹中取出，其实单个 1.6 ～ 1.8 两的，多生于淡水和海水的环境里，这种蟹壳薄，膏多黄足，出肉率高，并且出品用于炒蟹粉、稀卤、狮子头、煮干丝、做羹、汤包馅等最适宜，出品口味好又出色，蟹黄结实，各类菜点均适宜。江苏盐城地区所产小螃蟹，就这个特点。我在上海城隍庙看到的现剥的蟹肉——黄和膏，均是那种小蟹。

在我老家，20 世纪 70 ～ 80 年代，经济基础还比较薄弱，有一道菜与蟹黄有关。选用这种蟹肉烩皮肚，出锅勾芡后，沥点蛋液，撒上白胡椒粉和青蒜花上桌，很受欢迎。

至于蟹黄羹，加工有讲究，首先是原汤，不是蒸蟹的原汤，是剔下熟蟹肉之后的壳，用温水洗一下，蟹的碎肉与蟹黄油全稀释在水中，过滤去壳取汁。其次是辅料嫩韭叶和农家草鸡蛋，还有就是地瓜粉条和勾芡用的地瓜粉，当然，猪油及白胡椒粉是必不可少的。

有人会问，地瓜粉和土豆粉又有啥区别呢？何必那样矫情？地瓜粉夏天勾稠芡，凉后就成凉粉团，绿豆粉也可以，而土豆粉、玉米粉就不能。

还有猪油为什么不用色拉油呢？用食材比较，烧鲫鱼汤，用猪油煎鱼炖汤白且浓，用色拉油，鱼汤色淡味寡。用小榨豆油汤也白，因蟹黄与猪油在油脂温度作用下，有浓香气，也无腥气，这都是细节和关键，不能忽视。

讲究的人做蟹黄羹，所用葱、姜、盐和水还得从老家带来，那才是原水养原蟹，原蟹用产地调料，才出原味——鲜气与香气。

下面讲过程：铁锅烧热，下猪油，煸葱姜末出香，下蟹黄与肉，加盐，小火煎香，下原蟹汤和泡过斩细的地瓜粉条，调味加少许酒和盐、味精，烧沸勾芡，沥草鸡蛋液，又沸，下入秋后土韭菜花（细末），出锅倒入汤碗中，淋小磨香油，撒白胡椒粉即可。

特点：汤羹绿（韭菜）黄（鸡蛋）红（蟹黄）三色相映，热气飘出，透着鲜气，芡明亮，羹稀稠得当，入口烫鲜。粉丝吸味，入口滑溜，用小调羹舀一勺，尝一口就丢不下了，每客喝两碗是正常。

2017.10.27　15:36 于地铁三号线上

江苏名菜——水晶虾球

虾类名菜必出自沿海地区。江苏海岸线的混水区域较广，清水区就数连云港了。

做水晶虾球的对虾或明虾，均生长于清水海域。我国山东半岛、大连辽东半岛、浙江舟山群岛、福建东山岛一带均有高品质的海虾出产，有了优质的产品才能出优秀的名馔，这是相辅相成的规律。

当然，虽然上海出产原料不多，但海派名菜不少，而且经典品牌很多，连普通河蚌、鲫鱼、水面筋等食材也能做出腌笃鲜、葱爆鲫鱼、烤麸等令人久食不厌、脍炙人口的美食名菜。原因是他们有饮食文化基础，有分析原料特点的前瞻性，有分析客人饮食心理诉求的能力，有竞争环境下具备的扎实功夫。因此，上海菜，做什么成什么，真正达到化腐朽为神奇的境地。

上海延安路延安饭店是部队系统的一张响当当的名片。各大军区都认可那里的美食，觉得有部队特有的亲切，又有繁华大上海的时尚。

记得在1984年左右，有幸去学习培训，他们有一道名菜水晶虾仁，在灯光直射下，碟子中的虾仁晶莹剔透，泛着光泽，颜色洁白，大小整齐均匀，盘中无一丝卤汁芡汁，符合上海人吃虾仁的传统。

上海人吃虾有讲究，有派头，三五知己，围坐一席，在温馨的暖色灯光下，听着轻松柔美的音乐，筷子不经意地夹起一只虾仁，在浅色的盛有上海米醋的碟子中，略略地蘸一下，慢慢地送入口中，吸一口，拍面的葱香料酒香诱着你迫不及待地送入口中，舌尖轻轻一弹，牙齿轻嚼，带有脆性的虾仁在口腔中即刻绽放，喷射的是鲜香复合物。然后，端着红酒，抿上一口，继续谈着有趣的话题。这就是水晶虾仁的魅力。

内部人员悄悄地告诉我，选料为深海野生活虾取肉，流水漂洗，脱水，甩干水分，上浆。还有静置冷藏和烹调就不再多言了，借用时下流行语，"你懂的"。

延安饭店的水晶虾仁，让我至今记忆犹新，他们是从上海老牌饭店静安宾馆那里学习的。

南京有虾仁的名菜不少，有代表性的是原金陵饭店行政总厨薛文龙大师，他挖掘整理的随园菜系列，其中有一款是白玉虾园。这个菜是在20世纪90年代推出的，受到餐饮界精英的追捧，店店做，人人学，获得"名店做，名人吃，夸名厨，争相仿"的效果。

这道菜，必选淡水大虾仁，清洗，上浆，加发蛋，成团，油浸，以洁白鲜嫩质脆不腻取胜。现在西宫大酒店总厨杨兵，得薛老亲授，做出来的味道的确有个性。

江苏名菜水晶虾球，应该讲，始于都市酒楼。20世纪80年代，虾资源丰富，通常烹饪方法为炸、炒、蒸、茄汁、干烧，客人吃腻了，厨师改进创新。取一斤十个头的明虾，去壳，洗净表层浮衣，从虾背划一刀，左右两片各平批一四，形成四片相连的一个整体，加碱渍半小时，换水，轻碱水再泡20分钟，流水冲淋20分钟，沥水，切两头，上浆，冷藏，滑油，吸油装盘等步骤。成品特点：朵朵如花，远看似球，葱香洁白，虾片层层清晰，透明发亮，入口脆嫩，有典型的制作精细，有秀色可口的江苏风味特点。

上述内容和故事，是本人的浅见，与朋友们一起分享，愿操作加工虾球的新老同行们，在水晶词意上下功夫，定可事半功倍。

2014.4.16 11:20 于河西

江苏名菜——文思豆腐

江湖有一传说，郑板桥与扬州寺院住持文思和尚是多年好友，他们常在一起切磋诗词书画，相互投缘，有时因雨雪耽误，文思和尚以素食斋饭款待板桥先生。

郑板桥家族在当地是书香门第，因读书用功高中，做了扬州地方父母官，可谓是十年寒窗，苦尽甘来，荣光故里。

郑极桥做官之后，本想为百姓做点实事、解救百姓生存之苦，但是在官场所见所闻与他年轻时埋头读书的远大抱负相去甚远，有时在当地各种势力的重压之下，还常常受到责难。他身在官场与利益集团如水火始终不相融，与百姓来往，有时心有余而力不足，于是，干脆图个清静，与六根清净的和尚们常走动。一是可以排解心头之郁闷；二是因为扬州寺庙不是纯佛文化之地，那里有另外一种文化在吸引着他。

大明王朝灭亡之后，因金陵与扬州仅一江之隔，扬州也有明朝的追随者，特别是一群士大夫们在政治上不得志之后，转而把心中的理想寄托于宣纸之上，借山水草木寄托自己的思想。这个时期，涌现出八大山人为代表的文坛画坛扬州八怪，这些有背景的人和不合时宜的作品社会上不敢容留，于是就转到不问国事的寺院里，郑板桥就是被这些字画吸引来的。

因板桥的身份，做斋食的斋房和尚不敢怠慢。斋房和尚便以鲜笋、干菇、黄豆芽一起用豆油煸炒之后，加水炖汤取汁，算是现代的高汤，然后取用庙内泉水和自己做的豆腐作为主料切成细丝，配上竹园鲜菇丝、豆腐皮衣丝、青菜叶丝、素面筋等，用素汤同烩调羹，和尚用这道菜品来招待板桥先生。这种羹汤，浓稠烫鲜，主配料入味，色彩丰富，具有山野自然之气，透着清雅芬芳，板桥尝此羹之后，赞不绝口。

板桥回来让家厨仿制，因不解缘故不得要领，试做后每次都不满意。在制作初期仿效过程中，以豆腐鸡汤同烩，仍见不讨好，复又增加鸡、虾仁、开洋、鸡蛋皮、嫩笋尖、熟火腿等，成了另外一种风格的豆腐羹。有同僚品尝后赞不绝口，纷纷模仿，在扬州风行一时。有人问叫什么名字，没读过书的厨师说，是大人从文思和尚那学得，有人见菜中主配料均为丝状，误将此菜名文思豆腐羹写了成文丝豆腐羹，流传至今。

因此，凡外地京官到达扬州，均以此馔列为头道菜待客。据前辈老厨师介绍，之前，文思豆腐芡浓、油重、味厚、滚烫，改革开放之后，此羹以芡明亮、清鲜爽口为重点，深受欢迎。这道菜既有名人历史典故，又是以江苏鱼米之乡的鲜中精华配伍，非常受欢迎，成为地方菜中的一朵奇葩。

20世纪80年代初，由中国轻工业出版社编辑的全国各省风味名菜谱，整理后成册，《江苏风味》收录文思豆腐这道菜，成了名正言顺的江苏名菜。

如今，各地烹饪技术发展迅速，尤其是青年厨师，胆大艺高，敢于创新。首先是在上海国际烹饪大赛中，选用内酯豆腐切成头发细丝，配以发菜、火腿丝、高汤，用进口淀粉勾芡，透明发亮，丝长五厘米，无连刀，无结团，羹烫清鲜，一举创新成功。

后来各地模仿借鉴，各具特色，尤以扬州风格，大家觉得制作精细，口味传统，色彩艳丽，因此常被用于刀功表演和比赛上选用。

写此稿之时，厨房热火朝天，伴着炉灶声响，我以静心和诚心书写这一个可能遭人争议的题材，不妥不实之处，请同行见谅。

2014.4.15 20:55 于新东方

老味道——大煮干丝及其他

大煮干丝，鼎鼎大名，在厨界有口皆碑。看似平常的一道菜，出品要达到口感、味感的标准是不容易的，看似寻常选材，成品算不上惊艳，但是它作为扬州地方风味，数次登上过顶级盛宴。

大煮干丝，如朱自清笔下的一篇散文，火车站台下的一个《背影》，再寻常不过，作者仅是看了一眼，一篇文章，成了经典。打动人的是爱心，父爱子之心，子爱父之心，爱家爱国之心，读了，也就忘不了。

一道菜受到不同阶层的人喜爱，必有它的个性与特色。有的名馔流传几百甚至上千年，是无数厨师们前赴后继不断完善的结果。

任何一道名菜，有故事、有色彩，有君、臣、佐、使，有结构比例，有五色五味，有性平、寒、凉，有荤、素之别，有自然芬芳和腥、骚、异臭，如何聚合？有时需借外力扶正压邪，有时借火力，激发出浓香厚味。

一道菜，供人食用，养生第一，可口是关键，秀色是包装，器皿是行头，至于"口之于味，口弗能言"，全凭感觉，从蒸气、香气、锅气、火气中找规律……

一盘菜，是食用品，是视觉欣赏的载体，更是人类饮食文明、带有味觉的实用化石。

大煮干丝，又称为百姓喜欢的菜，是厨师见刀功、火功的菜，是老少皆宜的满口菜（无骨、刺）。

《中国烹饪百科全书》1992版第101页对扬州风味"大煮干丝"的注释是：江苏名菜，用豆腐干丝沸水烫后入鸡汤煮成。

扬州人俗称先烫后煮为大煮。此菜由清代九丝汤和烫干丝发展而来。

以色调清淡、口味清鲜、风格清雅著称，有"清清淡淡质姿美，缕缕丝丝韵味长，水陆并存融饮食，素荤合著利荣康"之誉。

其制作要领是：选用扬州大方豆腐白干为主要原料。先用刀将豆腐干批成厚薄均匀的极薄的薄片，再切成细如细线的细丝（传统经营上的要求为火柴杆粗细，比赛、表演时以极细、不断、形直、均匀为上）。入沸水（无其他味道）中烫过，出水再烫，入鸡汤内略浸泡，加虾籽、猪油、盐，煮到汤汁乳化并入味，配上熟虾仁、熟鸡生、熟火腿、笋、鸭肫肝丝，点缀以烫豌豆苗（嫩头），装烩菜盆上桌。1979年2月出版的《江苏菜谱》第270页记载程序，与上述比较，更为具体，如下所述。

首先，干丝沸水钵中浸烫，用竹铁轻轻韵动拨散，沥去水，再舀入沸水浸烫二次、捞出、挤水。

其次，鸡汤煮干丝，把配料、调料放锅内一边，置旺火烧十五分钟，把干丝铺于碟中，配铺料围盖一周，上放熟虾仁与熟火腿丝。

附注："烫干丝"（介于冷碟、热菜之间，属于熟拌，佐早茶）。干丝的处理方式是：方干白煮后，摊晾切细丝，姜切丝。干丝放碗中，沸水烫、沩三次，至干丝绵软，装盘，姜丝略烫置于干丝上端，淋上香油。将酱油（浅色类）、白糖、味精放碗中调匀，上席浇在姜丝上。

大煮干丝的特点：干丝绵软爽口，配料色彩鲜明，汤汁醇厚味美。

我为什么要选这个不太熟悉的题材呢？原因有两个，一个前几日在国展中心，有厨师制作干丝狮子头，又在葛春处吃了煮干丝，有点感受；另一个是在扬州品尝干丝，不经意地看到两个细节。

先讲细节，我随省人事厅技能鉴定中心的人员一同去扬州某学校考核（考生多，去得早），校长陪我们吃早茶，还有大师陪同，大家刚坐下，早点上来，服务员端来一盘干丝上桌。我看得细致，白干子上有细姜丝，白干丝上有倒上酱油的感觉。大家还没动筷，我对面的一名扬州知名烹饪大师，把干丝盆子拉到面前，没打招呼，直接用筷子把干丝上下拌动，染上了酱油，色彩太俗了，我怔住了，心想，不是在农家乐吧，哪有这样不注重礼节的？这件事，一直搁在我心中，其实那位大师人很好，对我也很好，还送过我一本他写的书，书的内容也很好。

还有一次扬州大学有两个级别技师考核，那位大师也去参加，空闲时，我悄悄地问他，早茶干丝不是在厨房调过味，上桌为什么还要再拌呢？他笑着对我讲：扬州早茶称烫干丝，不是你们南京拌干丝，扬州人讲究干丝入口有绵柔劲，上桌要有温度，如果在厨房把调料拌匀上桌，干丝遇咸味，口感就"差了"，一般是调料倒在干丝一边，让食客自己拌，口味才最佳。这才解开我的误会，所以看似简单的小动作，都有讲究。

去年下半年带两位长辈去扬州冶春吃早茶，我点了几种包子，还点了虾仁肉丝煮干丝，适合老人不用牙。为了看过程，在窗口看厨师明档操作，见服务员端出干丝，上面都有生姜丝盖顶，我问：我们干丝上怎么没有姜丝？服务员看了一眼我们的桌子说，你们点的是煮干丝，没有姜丝。自认为是内行，被将了一军，自找台阶，借用古人言"不耻下问"。

烫干丝在中医上认为是凉性，不易消化，加性暖的姜丝，是为了中和，有益于保健。我想煮干丝，应该加了高汤煮过，油润易消化，当然也就不必加姜丝了。

最后讲一个故事，华山面点大师陈景华曾经在夫子庙永和园请我去吃早茶，早去才有位置，我老大不愿意，但他一片热心，我深受感动，一大早就赶去，生意特别好。

陈大师的朋友是经理，印象深的是经理很热情，早茶供应的全上了，听经理介绍，他们鸡汤煮干丝卖得最多，选料好，全是用老母鸡熬的汤，头一天晚上把干丝烫好后，放入鸡汤泡一夜，第二天特别受欢迎。

他这经验，我听后有十五年了，今天写大煮干丝，顺便写出来，有兴趣的同行，不妨试试，说不定是一个生财之道呢。这也让我对胡长龄大师讲过的"厨师做到老，学到老，还有三样没学好"有了更多的认同。

当厨师并不容易吧？

2016.11.1 23:13 于横梁

老味道——肚肺汤

人到了一定的年龄，眼睛花了，书捧到手上，举远远的，才能看清字。坐下不想动，"精气神"三个字好像也被调离到别的岗位上了。端起饭碗，筷头也不勤动了，见到肥肉绕道走，不是因为不舍得，而是食欲慢慢退了。每年一两次牙龈闹别扭，那也是成了习惯，成了躲不掉的"福利"。渐渐地，别人夸你看不出年龄，还是过去一样的气质，其实那是让你开心的，自己心里明白，"夕阳无限好，只是近黄昏"。不服老不行，老了要安排好自己的生活。

我喜欢吃肚肺汤，相信"药补不如食补"。切身体会是：人是铁，饭是钢。营养就是优质汽油，有动力才跑得快，才有激情。

几天没写"老味道"内容了，原准备写蟹粉的，资料查好，这两天移栽花草受累，早早睡了，准备的材料全忘了，今晚不敢睡了，窝在床上写个简单的题材。

昨天我爱人回市区（平时不让我吃猪内脏，说网上讲胆固醇高），今早我就去菜场买回一挂猪肺心回来，解解馋。

晚上有朋友送来作品，端上我做的一砂锅猪肺汤，问他吃吗？见他犹豫，我用筷子夹了一块白淌淌的猪肺厚片，放在生抽、蒜花、香油味汁中打了个滚（翻个身，蘸的意思），一口吞下，如老烟鬼见烟迫不及待地深深地吸了一口烟一样，十分陶醉。

朋友给面子，仿着我尝了一块后，眼睛睁大盯着我问："怎么不腥呢？"我回问："为什么会腥呢？"他又讲，"猪肺一贯是有腥气的，你这怎么没腥气呢？"我讲："那是猪肺初加工未处理好的原因。"我接着讲："锅中的心与肺，我上午用井水洗了三大澡盆。"他说："噢，我明白了。"

一点不假。上午九点到家，把猪肺放在大盆中，电动井水管子插入食管冲水，在肺叶上四处拍拍，让水流渗到各个面，见膨胀到一定程度，断水。肺内的粉色血水会自溢出来，就这样，反复6～8次，通过水循环带出肺内血水，使肺叶转为白色。

用菜刀切大块，心剖开，洗净淤血，再用细细的流水冲浸5～10分钟，见肺叶无色红色，如白棉絮捞出沥水。

锅内放宽（多）水烧开，下入猪气管及心与肺叶块，焯水2～3分钟。见收缩变小定型，用凉水洗后洁白，用鼻子闻一下，无一丝腥气，然后放入锅中，加水与肺平齐，点火烧沸，放入葱结、姜片（多一点，各30克）。再大火烧开，加盖，用湿毛巾盖严边沿，小火炖80分钟，离火自然冷却。

晚上取熟肺与心切厚片，红皮萝卜一根（400克）刨皮切条（可焯水）。配葱姜调料。

炒锅上火烧热，加熟猪油或小榨大豆油100克左右，下葱姜与萝卜条、盐煸炒出香气，倒入原汁汤烧开，转倒入白色砂锅中，加少许味精、料酒、白胡椒粉调制自己喜欢的口味，加盖，中火炖10分钟，去盖，撒上青蒜叶节

（寸长）上桌。汤白如奶，原汁香气，主料入口即化，辅料润肺止咳，可汤可菜，是民间的美食。

老味道引诱着老人们心中的喜爱，大冬天拖一块，来点小磨高淳辣椒酱，不要太好吃了。

老人喜欢、嗜好老味道，不在名贵，重在回味、回忆，俗话讲：乡音最亲，乡味最美。愿和我有相同嗜好的朋友们，大冬天来碗肚肺汤，过把瘾吧。

2016.11.12 22:18 于横梁

早红橘络鸡及其他

《中国菜谱·江苏》1979 年（1949 年后首版烹调技术书籍）第 178 页，有一道名菜——"早红橘络鸡"。三十多年来，我从未见到有这道菜供应。我在苏州、镇江、南京、上海等地工作过，特意向同行前辈请教过，大部分人说："就是橘子去皮，撕下筋，与鸡一起炖。"没有人明确说是汤菜还是焖菜，本色还是酱色，用什么地方橘？回答都很含糊。也有人简单的回一句："可能是药膳菜，做得很少。"

在网上看到一个苏州网友写的一篇名为《喜看洞庭西山橘子红了》的文章，其中有对苏州红橘的介绍：苏州的东、西山，以前出产"早红"和"料红"橘子，那料红橘子色泽非常好看（所谓"料"者，就是玉料的意思），以皮薄汁多、味鲜甜而闻名。

"早红橘一般中秋之后便开始转黄，九月重阳稻熟时橘红，因其早红皮薄先熟而得名。而料红橘在立冬之后才成熟采摘，贮存时间长，且色香味不变。春节期间，料红橘仍有应市，是橘中之俏品。"

早在唐代，洞庭料红橘就是贡品，俗称"贡橘"。大诗人白居易曾用："洞庭贡橘拣宜精，太守勤王请自行。珠颗形容随日长，琼浆气味得霜成。"的诗句对其加以赞誉。

看到上述内容之后，我突然有一种感觉，"早红橘络"有依据了，就生长在苏州西山，离光福玄墓山不远，距离约5公里。早红橘、料红橘，统称洞庭红橘，因上市季节早与迟分为二种，从药理功效方面来使用，早红橘药效更好一点。接着又上网查"橘络"，确认是在橘子什么部位，对人体有什么功效。

橘络，为芸香科植物，橘类的果皮内层的筋络。12月至次年1月间采集，将橘皮剥下，自皮内或橘瓣外表撕下白色筋络，晒干或微火烘干。比较完整而理顺成束者，称为凤尾橘络（又名顺筋）。

橘络功能：外白色的网状筋络通常被称为"橘络"。中医认为橘络具有通络化痰、顺气活血之功效，不仅是慢性支气管炎、冠心病等慢性疾病患者的食疗佳品，而且对久咳引起的胸胁疼痛不舒还有辅助治疗作用。

下面介绍早红橘络鸡的制作方法。

原材料：嫩仔母草鸡1只（约1250克），早红橘400克，姜片10克，葱节25克，香叶2片，面粉50克，精盐12克，料酒25克，味精5克，熟鸡油75克，花生油1000克。

①嫩仔母草鸡宰杀后拔净毛，剖腹除去内脏（留作他用），斩去鸡爪，戳破鸡眼，洗净后沥干水分（洗去黑水），剖开脊骨，再在脊骨上斩3刀深至皮（便于扣蒸定型，便于分食），拍松颈骨，入盆，用部分姜片、葱节、料酒和4克精盐腌渍30分钟；将250克早红橘剥去皮，留一只橘皮另用，撕下橘络即可。

②净锅置中火上烧热，放入熟鸡油烧热，下入面粉，调入2克精盐和2克味精，炒匀至熟后，再放入橘络炒成橘络味汁酱，起锅盛入另一盆中待用。

③炒锅置旺火上，放入花生油烧至六成热，将腌渍入味的鸡煸干水分，下入锅中炸至色呈橘黄色时捞出，沥净油后，将鸡脯朝下放入橘络酱盆中，再加入剩余的姜片、葱节、料酒、精盐、味精、香叶和少许鲜橘皮（过多则苦），用棉筋纸封好口，上笼用旺火蒸约2小时至鸡肉酥烂取出，去掉封口纸，拣去橘皮、香叶、姜片、葱节，把鸡扣入另一圆盘中，四周围上熟菜心和剥了皮的鲜橘瓣成花形，滗出原汁，重打芡，淋鸡油浇匀鸡脯及全身即成。

制作时有以及下几个建议。

1. 选料

制作此菜必须精选原料。鸡应选择肥壮多肉当年生的土鸡。鸡不能太嫩、太瘦，否则烹制时鸡皮容易裂开；但也不能太老，否则鸡肉不易酥烂。橘子应选用上市较早的洞庭红橘，因这时的洞庭红橘酸甜适度且无涩味。

2. 初加工

原料初加工时，鸡不能弄破皮，且一定要戳破鸡眼睛，以免油炸时眼球爆裂，溅起热油伤人。另外，洞庭橘须去净皮、核，只取橘络，否则影响成菜风味。

3. 腌渍和上色

此菜在熟制前需腌渍，这样既能除异去腥，增加香味，同时又算是初步调味。在腌渍时，一要掌握精盐的用量，若多放，会使鸡肉中蛋白质变性，从而延长鸡肉成熟的时间；若少放，则鸡肉无味。用油炸法对鸡上色时，应当掌握好火候，油温过高会致使鸡肉颜色过深，甚至将鸡肉炸糊；油温过低，则难以将鸡炸至呈橘黄色。

4. 炒橘络酱

在炒制橘络酱时，首先应将面粉炒熟、炒透，如果未炒透就加入橘络炒制，面粉会糊化成团，影响炒制成酱。炒制橘络酱不能过火，否则橘络酱会产生苦味，影响成菜的质量。

5. 熟制

蒸制橘络鸡需用约 2 小时时间，因为这样才能保证成菜后鸡肉酥烂、橘香浓郁。此外，装鸡的盛器一定要用棉筋纸封好口，否则笼锅中的水滴入菜肴中，会影响成菜的口味。

菜肴特点：鸡呈橘黄色，鸡肉酥烂，橘香浓郁，美味保健，是中老年朋友秋冬必选的绿色补品。

　　此菜当源于滋补药膳类，因全部取料于食材，后经厨师效仿而流行于市。苏州乾隆年间的医叶天士，常在民间为穷困百姓治病，见穷人无钱买药，便就地取材。此菜既可治病，又可饱腹。

第六篇

美食记忆

暗香清新品素食

我听说过、也见过专做素食的饭馆，如南京中山东路菜根香、镇江宴春酒楼东侧一枝春素菜馆、玄武湖南侧鼓楼鸡鸣寺中的素面馆，其他城市见过的功德林、罗汉斋等素食名店。它们曾经都是悠悠美食史上的一抹亮色，是很多香客、居士、吃斋人群、文人名士心中的牵挂和享受，是烹饪王国百花园中的一朵奇葩。如今，在与国际接轨、发展是硬道理的滚滚长河中，暗香素食，回到了断桥边，它们远离了人们的视线，成为江湖饮食的传奇，是面临传承断裂的食之瑰宝。

清新素食，清在自然，清在本色本味，清在包容，清在一味一色，清在暗香不张扬；新在常吃常新，新在久食不厌，新在让人心清目明，新在别样风采。

品素食，品区别于吃。品是欣赏，是敬畏，是一种洒脱，也是对自然馈赠的尊重。素食有以下解读：素食旧指素菜与素点、素主食的综合总称，多指信佛讲究养身人群的专用食品，引申为佛教饮食的经典。吃素，通常指不吃荤的人群。清朝翰林院学士薛宝辰自编一本饮食谱《素食说略》，书中记载了170余种各类素食制作方法。现今，对素食二字极少使用，出现较多的名称是：蔬菜、素菜、佛教菜、罗汉菜、寺院菜等。

20世纪80年代初，领导安排派我去镇江大西路一枝春素菜馆学习素菜精做。我觉得"一枝春"用来作素菜馆名字再恰当不过了，很雅。当时师傅们讲，金山寺的主持、僧人常去就餐，去的客人大多有身份、有学问。按经济价值来算，一份炒素虾仁、素宫保鸡丁与荤菜价格不相上下，凡夫俗子才不傻呢，难得下一次馆子还是素的，仅图个味、图个情操？那才不划算呢，厨师也有想不通的，打报告要求调到荤菜馆去工作。随着年纪增长，身边人的影响，方知做三代官，才懂吃和穿的含义。

记得在一枝春，老师傅教的素鸡、素鸭脯、糖醋素排骨、素火腿等内容基本都留在笔记本上了。有两个菜至今未丢：一个菜是素虾仁，制作过程是用淀粉（菱角、澄粉、蚕豆粉）加水合成饺子面团状，切小丁子，手搓细长如橄榄，两头合拢，开水焯后，拌油洁白似虾仁，要更逼真可在其中加少许胡萝卜末，隐现鲜虾仁状，再与配料炒，调美（汤匙）曰一勺于口中，滑润与虾仁无异；另一菜，糖醋素鳜鱼，制作过程是土豆蒸熟压泥，加生粉拌匀，合团压成饼，包素笋菇馅，对折用手压成鱼形，香菇蒂做鱼眼，鱼鳍用菱形土豆插，尾用刀压纹，腹打浅花刀，油炸金黄，浇糖醋卤汁，撒几颗青豌豆上席，是素食席中大菜。

　　寺院正宗素菜选料极为讲究，无寺不藏名山，无院不居活水。山笋野菇聚天地精华，集原生态之灵气，怎么做怎么美味。寺中极为重视三菇六耳，所用高汤，选鲜笋煮汁取其鲜，菇蒂熬炖取其香，豆油焖豆芽久煨得汤取其醇，以自制豆酱调味诱人食。一汁烹一菜，道道可口，最经典的选料，寒冬腊月在暖房中栽种的苋菜，生长仅二叶片，因小称之米苋，凉拌、清炒、氽汤均堪称一绝。苋菜还有一说，草字头下有一见字的苋，佛门中有说法，有见即光明、重生之意，食苋菜，能带来早登极乐境界的意思。

　　素食是一高雅的话题，除了食其天然芳香、天然色彩、天然真味至味的感觉外，最重要的是食素能使人体内酸碱平衡，有益于延年益寿，还有陶冶人的心灵，对大自然有亲近感。食素能让人不杀生，让各类动物都在地球上有生存的空间，对人类的未来作出自己的贡献。

2012.6.13 11:11 于马标蜗居

被肯定了的甲鱼

　　苏州松鹤楼二楼蔡桂夫烹制的白汁鼋菜堪称一绝，其加工过程如下。

①选用 750 克左右一只的活野生甲鱼。

②宰杀、烫刷刮表皮黑釉，去内脏，改刀焯水，放流水冲泡 1 小时，使裙边涨发，腿肉漂清血沫。

③铁锅下垫竹笠防粘，上放油炸黄的香葱、姜片，铺上甲鱼，上铺焯过水的板油丁和冰糖、火腿、少许水，上扣圆碟作盖，大火烧开，转小火炖 2 小时取出待冷却，分盛在小碗中，上盖荷叶冷藏备用。

顾客来点此菜时，入笼蒸一下，滗出卤，扣于碟中，原卤勾芡浇上，边饰绿叶菜。

此菜特点，是甲鱼酥烂脱骨形不散，入口甜香不油腻。凡吃后，口中余香三日不去。

现在绝版了，没有人这样认真的做了。因为很难有好的食材，也很少有懂行的食客了。

前几天在仙林财经大学栖苑尝了滚烫的甲鱼羹，肉香味厚，稠羹可口。这是淮扬传统名菜，两淮大厨，尤其擅长此菜，选料做工和原汁汤，无可挑剔。

现在婚宴也有人做小笼糯米饭蒸甲鱼，水煮、红烧等。我在上海路华达宾馆后面的原周副政委家见过他家汤姓厨师制作的清蒸甲鱼。其过程是：初加工后，去内脏的全甲鱼，仅放料酒、盐、葱姜、火腿片，不加水，入笼蒸烂即可，可谓原汁原味。

20 世纪 80 年代初期，聂司令员在厨房现场教我做过湖北大悟县瓦罐焖甲鱼，即活甲鱼洗净，不放血，放砧板上，从背壳一周下刀，挑出盖壳、慢慢撕剪去内脏（内脏不破损，无污染污物），去丑（排泄器官），斩块不洗，瓦罐下垫葱姜，上放甲鱼块，加水和少许白酒、盐，盖一小碟，大火烧开，小火炖近2小时，食时端上桌即成。特点是原汁香鲜，肉香本味，无香料干扰，未经水洗，血中营养素未流失。

甲鱼生命力强，是美味的食材之一，是席上最著名的裙边珍品。全国甲鱼名馔有几十种，以湖南、湖北和江南水多的区域最多，甲鱼品质好，厨师也擅长烹调。

十年前在东宫表演的潇湘甲鱼，让人记忆犹新，腿肉酥烂，裙边透明，入口即散，甲鱼处理的也干净，火候恰当，汤白如奶，在当年是一款叫得响的菜品。

甲鱼特点是腥气重，全身附着一层釉皮，腹腔油脂务必去净，泡尽水，只要找出规律，长期观察分析总结，必能找出最佳方法。加工的核心宗旨是突出甲鱼的鲜、腴、香、糯和养。

上述经典案例，都属于美味甲鱼的传奇，受到了社会的肯定。作为职业厨者，应以开拓的思维，扬长避短的方法来善待食材，不可凭自己的好恶来冷落或忽视它们的特点，只要我们用心来研究，认真地去加工处理，甲鱼系列美食永远是受人喜爱的一款经典美食。

2019.1.7 20:01修改于横梁

被误识了的甲鱼

甲鱼，不属于鱼类，当属甲壳类动物，又称老鳖、中华鳖、王八、团鱼、霸王（宴席称谓）等。甲鱼生长于淡水河畔，在广东、广西大山深处生长，又称山瑞。

鼋与甲鱼，常被混为一类，实则为两个品种。鼋是鳖类中最大的一种，是国家重点保护野生动物（Ⅰ级）。而甲鱼因生长环境和品种关系，背部有深浅不同的斑纹。原生态野生甲鱼，身体薄、背色浅黄、表皮略光滑、四足爬行迅速，且凶猛劲大，在陌生环境里乱窜。一般抓取野生甲鱼时，将其翻身，拇指、食指迅速抓紧两后腿腋窝处，这样它再凶，爪子与头接触不到人的皮肤，不至于咬到人了。

随着养殖技术的不断提高，饲养甲鱼会选择宽阔的水域并且喂养活食，如小鱼、小虾、小田螺等，一般饲养3～5时间，每只750～2000克，这样的甲鱼外表完整无破损，腹部浅白，四爪有力，饲料品质接近于原生态，甲鱼的品质也非常接近野生环境下生长的甲鱼。

2019.1.7 13:53修改于横梁

饼到中秋分外甜——香甜的记忆

月到中秋分外明，一看题目，就是写中秋饮食文化。

昨天写了个初秋题材，引用了古诗。今天想到，现在社会餐饮人可能对古诗不感兴趣，我对月亮的诗意认识也不足，那也就不去出个儿洋相了，就直奔主题，写点关于我与月饼的故事吧。

清楚地记得，我家在乡下开的杂货店销售过月饼。五仁月饼与椒盐月饼的价格分别是每块二毛一分和一毛九分，收半两粮票，两种大小重量一致，用一正方形透明油纸包着，上面印有名称和食品厂家地址。

有时候听到父母向购买月饼的乡邻介绍，五仁月饼比椒盐月饼贵二分钱，是因为果仁馅（果脯类）比椒盐贵。那时我想不通，月饼是椒盐的，怎么吃了以后不辣嘴呢？好好的甜味，加了盐吃下，肚子怎么不疼呢？加盐干什么？

至于椒盐，后来才知道是四川花椒炒熟碾成粉，掺盐拌入，也有将它放入果仁的甜味馅芯中，主要是咸甜味道对比，在舌尖上的感觉不太腻，有醒口的作用，这是针对有条件的人家。那个时候农村人在甜味中吃出咸味来不高兴，以为做月饼的师傅手抓过盐未洗手串味了。

在苏州、镇江时，因工作是为机关服务，福利跟着机关走，每次分 2～4 块月饼，品质比连队的好，差别在馅料的材料上。豆沙馅月饼价低，而五仁月饼馅有松子、瓜子、核桃仁、金橘、红绿丝等，成本高，制作要求严，营养价值也丰富。

现在年轻人追求时尚，流行吃高档的鲍鱼、燕窝、奶黄月饼，价昂贵得很，包装也精致，月饼外皮不腻，无论什么馅心，均很可口。

广式月饼的皮区别于苏式月饼，皮软厚，馅心有莲蓉、水蜜桃、椰蓉、紫薯等品种。苏式月饼，泛指油酥皮月饼。烘烤制成，耐久放，馅料有五仁、椒盐、豆沙及后来的很多创新品种，有油酥甜味，表层有一层白芝麻。小时候我不喜欢吃表层酥皮，认为第一口就不甜无味，第二口才咬到甜馅。现在明白，表层油酥皮有防霉作用，酥皮中加糖，经高温烤制就会焦化。

杭州月饼仍以果料甜馅、糖桂花和杏仁等为馅料，还掺入泡去咸味并且切成粒的熟火腿。

20世纪80年代初，苏州松鹤楼后门的太监弄口的月楼菜馆门前有生煎鲜肉月饼卖，室内包好，堂口现煎，买了捧在手上站在门前吃了；拎回家再吃，凉了，那鲜气全没了，因此，常见到食客轻轻地咬一口，立刻有一股热气涌出，顺风就闻到鲜中带甜还有点五香粉、小香葱、料酒等油润的气味。

我们军区大院也做月饼，后来吃了上档次的月饼，感觉有点土气，但干净无添加防腐剂。

在金陵饭店培训期间，面点房加班自包自烤月饼，品质很好，感觉太费工，我实在没耐心坐在那几个小时不动身。

南京高楼门的月饼年年尝，全是王总和熊总监赠送的，非常精致。

在我们单位也做过月饼,馅是金华火腿馅,还有青红瓜、干贝、咸蛋黄等料,口感很好。安徽黄山宾馆老总尝了之后,说从未吃过这么好的月饼,要求买,我讲,这成本太高,不做了,把余下的月饼送给他了。

那时,我家十多年未买过月饼,全是朋友送的,也不知道街上月饼的价格。后来才知道,是我把价格定得太低了,难怪觉得成本高。这也是一个糗事吧。

中秋节在军营过了不少,有许多故事。当年看似平常,现在想起,军营的中秋节,有宴请,有赏月,有在野营的路上,也有和战友一起欢度佳节的场景。

今年的中秋快要到了,月饼的香甜快要弥漫开来,无论什么月饼都是既香又甜,无论身在何处,尝一口月饼,感觉始终是香甜的。

记得小时候父母为了孩子,自己发面,双手包的芝麻盐糖饼,锅中煎的芝麻盐糖饼代表月饼,在味觉的记忆中,是最香最甜。因为,那是父母对子女的爱心表达,是他们对子女无私的奉献。

军营的月饼,体现军队的一份关爱,一份战友情怀。

军营还在,明月永存。军营月饼的味道,是所有穿过军装人的一份乡愁。这味道快要远离我了,这是正常的规律,铁打的营盘,流水的兵,希望后来的老兵、新兵,所品尝的月饼,味道更好,其香甜更加延绵久长。

2017.8.16　23:26 于金域蓝湾

戽鱼记

每个人都经历过少年，每个人都有过年少难忘的乐事，每个人都有珍藏于心的童年记忆。

我出生于平原农村，生长于苏北里下河地区，少时在纯农村过着平凡的生活。全村（大队）只有一个工种：农民。每家门前屋后都有小河小沟，护坡上长满了茂密的芦苇，是有名的水网化地貌。至今仍记得书本上有一首儿歌："小河流过我门前，哗哗啦啦流不停……"，这诗意般的场景历历在目。夏季雨水充足，芦苇长成，站在苏北通榆灌溉总渠大堆上（河堤）一眼望去，如小说家形容的那样，像是天然的青纱帐，碧浪滔天。

我和同龄的小伙伴一样，三个一群，五个一搭，上学一起去，放学一起归。每个人随自家或本家(同姓一家)的兄弟姐妹一起无忧无虑地成长。在大人（长辈）眼里，我们是小腿(孩子)，除了睡觉，整天叽叽喳喳，像一群天真的小鸟，想飞就飞，从不能为大人（家长）分担一点困难。父母在我们小伙伴的眼中，那就是随时可以依靠的避风港。家是我们肚子饿了回去吃饭的地方。皮（玩）累了，躺在门前睡着了，父母放工（集体劳动）回来，会把我们轻轻地抱上床，盖上被子、毯子，嘴里会念叨：玩疯了，玩痴了，玩到摸不着家了……

那时，文体设施少，放学回家都会割些牛草、猪草，做点力所能及的事。

记得最喜欢放暑假，两个月的时间，会有几次去戽鱼，很高兴。现在叙述一下，与朋友们一起分享。

农村一般取鱼有网捕、叉鱼、钓鱼、照鱼（晚上用四节电池的手电筒照水面，见鱼用叉、用丫、用无底圆竹筐扣等方法）、等鱼（雨天高处河塘水向低处流，在出口处，将柳筐沉于水下，见鱼顺流向下入筐，迅速抬筐出水取鱼）等形式，最苦的数戽鱼。戽鱼有如下几个程序。

1. 选鱼塘（小河）

夏天雨水充足，也有干旱时节。在割猪（吃）草时观察，见到某田块边小河低凹之处，水底略混浊，知有鱼来过。水草不多（草密缺氧无鱼），水面有阳光（无阳光鱼籽转化不成小鱼），水塘周围有少量鱼喜欢吃的草，便知水中有鱼。立马回家取工具，如脸盆、铁锹和柳篓（盛鱼）、芦苇帘老四件工具。

2. 打坝

选取小河水深处（水深水温低，夏季鱼喜阴凉）在其两头挖土打坝，把中间水与两头水源隔断。坝基要挖带有芦苇根须的大土块（一土块二十余斤重），这样土块经得住水冲，不会溃散，水越深，坝越要牢固。水浅，用一道土排列成坝；水太深，有时用三道土排列成宽坝，预防垮塌；坝的上端用软泥加高。每块土之间要踩实压紧，防止漏洞漏水一次压紧，若坝两边水落差已大，再发现漏洞，就堵不住了，小洞从坝外堵，若内堵离倒坝不远了。

3. 戽水

戽水分两种形式：一是用脸盆戽水，即两腿叉开，站在坝内侧一边，低头弯腰，左右手抓脸盆边，从两腿之间入水，双手用力把水戽向坝外；二是用小笆斗捆上绳子，需二个人站立对面，双方手各抓一根绳，利用惯性原理，将笆斗斜扣入水中，两人一起使力（我左手，对方是右手），抬笆斗出水，高出坝面，右手（同前）轻提倒出笆斗中的水，双方双手一起拉回，如此重复步骤，至坝内水干。戽水又分两个步骤：先把大面积的水戽出；再待水浅至原水量 1/3 时，将芦苇帘插入水中，左右用淤泥垒起小坝，让水从芦苇帘缝中流出，挡住小鱼，防止小鱼与水一并被戽掉。

4. 抓鱼

俗话讲，水干鱼出。野生河塘中，有多种鱼类生长，如小河虾、小鲫鱼、昂刺鱼、乌鱼、泥鳅、黄鳝等，偶尔会碰到甲鱼、鳗鱼，常见的田螺、河蚌是不会少的。水快干时，先抓芦苇帘前的小鱼、小虾；然后抓大鱼，大的鲫鱼最后出来，有时会躲到河草下面，需要翻草查看。水干前先巡视观察四周，在我们低头戽水时，狡猾的乌鱼会钻入淤泥下藏起来，它永远不会顺水而下。有一办法能识破乌鱼藏在淤泥下，河底淤泥表面见有小水凹处，水清，细看就会发现乌鱼两鼻孔在水中呼吸，身子在淤泥下，一把抓出。水面表层鱼抓清后，下一步是拣拾田螺、河蚌。接下来，小伙伴一起用小脚并排采河底淤泥，经挤压，泥鳅、黄鳝、鳗鱼就藏不住了，纷纷钻出来。黄鳝、鳗鱼虽滑，用右手中指勾住鱼中段，锁紧（勾紧），放入鱼篓中。泥鳅小野性足，乱钻，浑身动，常采用一种办法，见到泥鳅，双手捧头尾，口中"咕、咕、咕"地叫个不停，似乎鱼听到就乖乖不动了，顺利地捧起入篓中。

5. 分鱼

将拣拾的鱼类倒在路上，按参加戽鱼人数分成几小堆。先拣分大鱼，后小鱼、田螺，一人一堆，然后抽签，摘两张荷叶包上带回家，在水塘洗把澡，就等着吃香喷喷的鱼了。

6. 收尾

取鱼后，必须拆坝放回水，让水复原。这样可让遗留的鱼继续生长而不绝，三个月后再来戽鱼，仍有收获。这是戽鱼人不成文的规定。

"吃鱼不及取鱼乐"这是老话。戽鱼是我真实的童年的经历，也是我常忆起的场景。时光的年轮在一圈圈递增，近年的乐事已渐渐模糊，遥远而又无忧无愁的生活经历，似乎越发清晰起来，也许这就是岁月吧。

2012.8.18 10:10 于六合

令人神往的苏州味道

本月中旬，农历七月十六踏进苏州古城的石板小巷，让我重新认识了苏州味道。

当兵时，苏州的园林，虎丘、拙政园、留园久看不厌。从老兵口中得知，寒山寺和沧浪亭文化底蕴最深厚，可从心里想，不喜欢，因不认识石刻上的字。

当炊事员之后，喜欢松鹤楼的名菜。从《中国烹饪》杂志上看到苏州南林饭店，其菜点水准当属江苏城市之冠，可惜进入无门，至今仍遗憾呢。

苏州的菇苏饭店、石路的义昌福饭店和双塔附近的新聚丰饭店，我都进去打过"酱油"。

未经过老师傅勺子的敲打，未接受过系统的培训，仅是凭自己的感觉"断章取义"，只知其然，不知其所以然，就这样在业界混迹，自己明白，算是一个名副其实的天桥把式。

不是本人不努力，1980年初夏，就在松鹤楼跟头灶师傅蔡桂夫后面洗了一个月的锅，未配过一个菜、未烧过一盆汤，凭此闯荡厨界江湖。

唯一的技巧可以说是源自偷尝了用右食指从出菜后锅底上抹一下的味道。至今还记得细卤豆腐的锅巴芡香、响油鳝鱼的甜鲜、鲃肺汤的清鲜、松鼠鳜鱼的甜酸。至于白汁元菜和黄焖鳗这二道经典火功苏州（帮）菜，那甜香久闻不厌，但那重糖、重猪油、重火的汤，太烫了。

在松鹤楼应该是可多学点，时间太短、无基础，又自卑不好提问求教。

那个时候羡慕经常招待外宾的松鹤楼后门附近的一个苏州技工学校的学生，真想进去系统听课，可咱没有那个资格。学点花拳绣腿的功夫回到了现称西山风景区庵前西边的玄墓山兵营。

因一个安徽籍副团长吃了我从松鹤楼学习回去做的八一会餐，认为这是他在团里17年吃过的最好的一餐饭，因他一句表扬改写了我人生的轨迹。后来我调到军区机关，并为梦中遥不可及的大人物烧过几个菜。能有今天，当首先感恩于苏州味道。

有人说先入为主，这么多年全国跑了不少地方。上海的梅陇镇及后来的上海杭帮菜张生记等店，还有其他多个地区去参观学习，总觉得苏州味道有文化历史、有独立的风格，有与苏州文化浑然一体的至美至味。

咱不掉书袋，苏州有鱼肠剑传闻，有专诸学太和公炙鱼，有于右任的夸赞，也有唐伯虎画中题诗，隐现着苏州味道。

从近代讲，有苏州名医叶天士的医食同源之经典传奇。有电影《美食家》的作者陆文夫笔下写就的一句苏州名言："排骨就是肉，肉就是排骨。"这句话，现代人理解是一个相声包袱，在那个年代是含泪微笑的辛酸，为了一块排骨，在文字上计较其实是无奈的诉求。从美食味道来讲，苏州的酱排骨和糖醋排骨，其味道真比全肉赤烧好吃，自然要比全肉价高。现在理解为技术含金量不同。

初到远离苏州市约25公里的光福小街上，在肉铺前，见到挂着一排乌黑发亮的整猪腿，到了松鹤楼才知是金华火腿。问价老贵呢，买不起、吃不起，看现在的火腿，无论整的切块成小包装的，无一点传统的胭脂色和肉香，金华的老前辈若地下有知，定骂死现代杀鸡取卵的不肖子孙，砸了宋朝时就知名的品牌。

从北兵营向东走1.5公里路去苏州市中心观前街，必经过苏州一个古老的金门，为什么叫金门未去查过。记忆中还有昌门、葑门、盘门等，这些门均不及南京城门的高大。但苏州各城门，仍是苏州人的骄傲。

素有水上威尼斯之称的苏州，有人形容它是漂浮在太湖里的一个古老的庄园，本人觉得不为过。古苏州桥多、水多、船多，还有就是水中的名品多。如莼菜、银鱼、鸡头米、河虾仁、莲籽与白藕，还有苏州的鳜鱼、甲鱼、鳗鱼、茭白等，这些水中物产，都是苏州味道的源头。

苏州的风有花香，苏州的水有锋气。苏州的特色味道太多太多，它有几个特点：肉包子中加五香粉；月饼有鲜肉馅；绿扬馄饨上有蛋皮熟鸡丝，放酱油的菜必加糖，并且糖重于咸。苏州的三虾面（虾仁、虾籽和虾仁脑），本月刚吃过，88元一碗，是我军内学生请我吃的。因一碗虾子面，做出不寻常的味道，能不承认是令人神往的苏州味道吗？

去太仓便于与苏州吴门印象的老板联系，说是来拜访，实则是来考察学习的。还很意外，他是在扬州专业培训过的大厨出身，现在选了一个后窗临盘门的巨大水域景区，视野开阔，室内装潢布置透着两个字"时尚"。

走到店的时候，受到其热情接待，还结识了好几位同行，他们都是通过省技能鉴定中心考试的技师，每人都有一手绝活和一套对苏州味道的理解，他们表述最多的是传承与弘扬。

当晚一桌十多人，非常热闹，从传统经典到现代创意，从个性特点到本店招牌，一应俱全。从餐具选择到运用干冰营造气氛，安排得很周到，真是让人激动和感动！

记得酒宴中有几个印象较深的，如白什锅（盘），是苏州民间的一道传统的菜，和南京的全家福相似，讲究点选用海参、鲍鱼、鱼胶等名贵食材清炖合煮，互相补味。一般的选用禽类和干菌、蹄筋、皮肚、冬笋等，选料未有过分讲究，重点在实惠和气氛上，一桌男女老少，全能找到自己喜欢的食物下筷。

十来天过去了，他们的石板鲜松茸、虾仁鲜肉月饼和糖水桂花鸡头米，还有个客海味鸽蛋等，每一款都用心，每一味都难忘。我惊叹他们的技艺和佩服他们对味的目标理解，那就是扬长避短的可口。

在来的客人朋友中，幸识苏州旅专的郭章老师，在苏州培养名厨若干，用苏州老话形容是老法海级的大师。

因喝酒，游故地，遇同行，受款待，难免兴奋，和他们一起讨论鲃肺与河豚肝的异同，苏州是否还有古鲈鱼等方面的内容。大家在一起就厨界慎独与初心的理解，进行了坦诚的交流，短短的近两个小时，包含了众多的信息，一篇短文，难以详述。

2017.9.22 14:08 于江宁

"藕"遇

有事没事去菜场转一圈，见到合适的菜就买。花惠生大师教的："到菜场买菜，跟着老太后面走，绝对不上当，她们懂，哪样好孬，一看就知道。"

我在灶前行走多年，也有看走眼的时候。有一次看到一盆龙虾只只活蹦乱跳，壳浅红，周身干净，无腥气，应该是清水塘养的，个头也大，问价比南京低，买了一大袋回来。我爱人将龙虾烧熟之后，端上桌，我手抓一只龙虾，感觉不对劲，心想不好看走眼了，龙虾抓手上轻飘飘的，剥开见虾肉很小，空壳虾，喂养时间不够。怪我当时未弯腰，抓虾须拎一下掂掂，如果是沉甸甸的才出大虾仁。

每日去菜场看一看，见到鲜艳的猪肉、鱼鳞微泛金色的野生鲫鱼和农田里刚采的葫芦、玉米、菊花涝等各种色彩的食材，看的养眼，见到喜欢。用我这俗气的眼光看食材如去长江路美术馆看画展一样，感觉养眼迷人，让人精神愉悦。

晃悠悠地进菜场，一路前行，一路扫视。突然，眼睛一亮，见一堆嫩藕排叠在那里，感觉很小，三四节一根，色浅黄，皮很细嫩，刚出水，透着一个稀罕，这是今年最早上市的新藕。低头闻一下，啊，藕香清气全有，用手抓起，沉，品质好，含水分足，嫩着呢，几十年第一次见到这极小的藕，拍张照，回去研究研究，哈哈开个玩笑，什么研究啊，买回去炒炒尝个新鲜。

说起藕馔，真不敢恭维南京有的餐饮店，很多店从大超市买的藕，不甜、不糯、不粉、无光泽。佩服杭帮酒店制作的藕，见粉色藕浸在四五十度的甜汤中，稠汤上飘几枚红枣，老远就闻到红糖的甜香。客人点一份，厨师拿出熟藕切一盘，左右两个刀面，上面覆盖一个刀面，整齐装碟，一元硬币的厚度，厚薄均匀，形整不碎，上面再用排笔刷一层蜂蜜，亮度就出来了，点缀一朵泰国兰和荷兰芹，精神抖擞地出场，客人挟一块入口中，香甜糯粉全有了，还有一丝闻其香不见其形的桂花香。这样的一盘桂花糖藕，在杭州高规格国宾馆国宴上也敢上桌，因为品质到位。想起古人的一句话："只有平庸的厨师，没有平庸的食材。"

今天见到这大铜钱粗细的藕，让我立刻想起三年前的一个故事。

偶然的机会认识了新世纪集团邓绪鑫大师，他负责集团菜品研发。他知我住太阳城，离百家湖不远，便邀我晚上去新世纪百家湖店尝尝菜，还邀请了我的朋友孙晓波，有好菜品尝，有盛情相邀，当然欣喜啦。

毕竟是名店，刚入座，邓总双手递上单独泡的新茶，还有干果，喝茶聊天候友，进来的是江苏知名画荷名家孙晓波，还有一位经介绍是省书协诗协理事张继高大师。张大师知我是他俩朋友，初次见面，赠我一幅裱好的书法作品《紫气东来》。

和名人在一起总是沾光。四人落座，陈年好酒和好菜，丰盛的一席。席上见有一个小小如大铜钱的饼，挂糊煎的，不像藕饼，很小精致，周边用剪刀修剪过，又不像萝卜饼，夹一块，啊，真是藕饼。夹虾蓉馅，煎得火候正好。真是刘姥姥进大观园，让我惊奇了。

感觉好吃，可我纳闷，从未见过这么小的嫩藕，后经邓绪鑫大师介绍，这道特色菜已经推出二十多年，仍受欢迎，藕是专门从湖北定制的。

手机上偶遇邓大师叙旧，酒桌上偶遇老朋友获佳作，进菜场偶遇新年头茬藕，怎不欢喜呢。

人生何处不相逢，因缘喜在偶遇中。

我问了，这么小的藕挖出来，舍得吗？租塘种藕卖藕的老板娘讲："好东西价格高，不吃亏的。"

就今天的偶遇新藕，才有本人的杂谈"藕"遇。

2019.6.20 10:10 于六合

色色汤包鲜在先

秋风起，蟹上岸。菊花黄，蟹膏香。说到淡水螃蟹，美食家、文人雅士们立马眼前一亮，精神为之一振。关于蟹，每个人都有或吃、或尝、或听的故事，并且每一个故事都会让你垂涎欲滴。

螃蟹在厨师眼中，首先关注的是蟹的品质：品在新鲜度和色泽及产地大小，品在腹部纯白、腿上有金色绒毛；质在重量（是否压手）、灵活度（是否夹人）和活力，质在外形干净背青亮，讲究一点，了解蟹的上市季节及上岸时间。

然后开始因料施技，烹饪方法或蒸、或煎、或烧烤烩，或腌斩块挖肉等，在厨师面前，螃蟹不是美食，仅是一种受人喜欢的食材。

　　我这人，同行们认为我太认真，对待食材有过分较真的感觉，我很在意什么品质的食材选用什么烹饪方法，最大限度地发挥食材特点，感觉对得起一肉一菜了，否则感觉糟蹋了食材的价值。

　　言归正传吧。常听到内行大厨们参加比赛或者考试、表演，说到蟹粉蟹味菜，均说选了半斤一只的大蟹剔骨取肉，我听了，佯装不知。行话讲，大者香，小者鲜，螃蟹也是如此，这方面，经验丰富的上海厨师比较聪明，他们需要剔骨取蟹黄蟹肉，均选苏北沿海出产的小蟹，拿在手里沉甸甸的，卖相一般，腹下为铁锈色，蒸熟后，膏黄丰满，母蟹后盖鼓鼓翘起，出肉率也高，一斤出四两左右净肉，并且蟹黄比例高，无论做羹、做馅或当主料，味鲜特香。而大蟹黄膏肉虽块大，其鲜仍逊一层次。

　　为何苏北小蟹香鲜？因大多野生，有时是养鱼塘中兼养，饲料足，品种纯，水质好。我在上海城隍庙蟹黄汤包店，常常见到挖明档肉的师傅现场操作，我去上海，有时专看这一风景，师傅们面前，一堆蟹壳，一盆冒尖蟹肉，绞肉与蟹肉皮冻碎，和在一起现场调味，抓一大把葱姜拌上，现拌、现包、现蒸、现买、现吃，一条龙流水程序，货真蟹鲜。

　　蟹肉不过夜是常识，但常被忽视。就这一细节，很多汤包的口味败下来了。

　　因工作关系，江苏好汤包名汤包尝了不少。苏州姑苏饭店、苏州松鹤楼菜馆汤包口味近似于上海城隍庙小笼蟹黄汤包，个头小，皮薄汤鲜卤汤，稍甜，咸是辅味，馅略加酱油，琥珀色，遮肥肉之白。镇江同庆楼、京江大酒店二家，前者味好，每早爆满，口味甜度方面略微轻于苏州。

江苏汤包品牌多，淮安文楼汤包应该是江苏顶级汤包。它有着悠久的历史，是与淮扬菜同时代的产物。据传，上海一女点心师，见淮安汤包个大、汤足、形美、味鲜，她回去改良，选用进口高筋面粉，个头放大，定制精致个客小竹笼，下垫碧绿荷叶，数次仿制后，还选用吸管吸汤的卖点，参与全国性大赛，一举夺冠，如今成了上海的经典品牌。

靖江汤包，据龙袍汤包大王永贵介绍，有 40 年的历史。靖江人善于经营，政府支持，培训专业人才队伍，汤包做得红红火火，年产值过亿。其口味咸鲜，讲究在皮冻汤中掺入老母鸡汤，形成新的特色，包子皮薄透明，蟹黄隔着面皮隐约可见，刚出笼的汤包无从下口，从边上咬一口会汤溅喷射，从顶上咬太烫，要待几十秒，从上端边缘轻咬一口，中途不抬头，接着慢慢吸出汤汁，否则汤会流出。因此，大个靖江汤包在下口之前，头脑要先形成进口思路，否则会出洋相，汤包价格 25 元一只。

昨晚在六合长江大酒店品尝，虽然进冬螃蟹下市，但尝了之后，鲜味不减。我应邀在下午四时左右到达，见王总从南京丁山宾馆邀请著名大厨王家龙传授鲜肉大包馅的调制方法，50 斤去皮前腿肉，采用秘制方法。我尝了，可能以后南京人到龙袍又能吃到新口味的大包子了，味鲜香甜，卤汁多，肉馅不结团，加了六月鲜，色枣红，不腥不油腻，看与吃，均属上等品质。

记得当年鼓楼大排档有售，一元一只，味相似，可惜后来拆迁了。当年排队购买，成为傍晚一景。

龙袍蟹黄汤包，咸鲜味，本色，个头介于苏州靖江两地之间。昨天我见到王永贵老总亲自在熬汤，里面很有讲究，原汤中加入猪筒子骨，放入未进过冷冻的新鲜猪皮，猪毛被全部刮净，沸水烫后凉水洗去异味，切小块用大火熬，必须要达到汤色白如奶，冷却后绞碎调味，让人眼花缭乱的制作方法，真不亏有 150 年的历史。

无论什么风格的汤包，鲜是特色，更是产品的生命力，是最基本的元素，其他加糖，加蟹、鸡、骨等均是为鲜服务，确保鲜的标准，关键在于选料和加工流程，不能搭浆，不能偷工减料，以次充好。

汤包的皮，各地选用面粉，几成老酵，烫面比例，均不相同。

汤包，是多地的非遗项目之一，是食品中的奇葩之一。尝一餐容易，持久地保持品牌和品质，延续几十年，甚至传承百年，确实不容易。其中凝结了多少人的努力与坚守，有多少人一辈子或一家子几代人，为之付出了青春与智慧。

汤包是面点食品中的一种，有技术可研，有文章可做，有地方特色，是食品工艺业的传奇。我们喜欢它的全部，珍惜它的品牌，感激它的馈赠，是国人的福气。

尝了多样汤包之后，我的体会是：色色汤包鲜在先，行行有人寄深情，或鲜或甜随姜醋，一口一个最相宜。

2014.01.06 20:29 于南京

视觉冷拼

冷拼，又称冷盘。一种冷菜原料装一盘，称为单盘。

民国时期，冷菜重在实惠和口味，轻美化。若就餐人数少，想多尝几种口味，饭店就用腰盘装两种或三种原料分放，分色装在一个碟子里，又称为双拼或三拼。这样既满足客人的需求，厨师又处理了剩余材料。

改革开放后，物质丰富，生活条件大大改善。初期把八冷盘改为十四至十八寸大盘子，摆放八至十种原料为一盘，称为什锦冷盘。

因盘子大，有的是窝口，厨师称呼为大盆子。因此今天有人称为工艺冷盆、花式拼盘、图案冷盆、象形花拼等，于是就有了今天的盆、盘通用的状态。

称呼虽乱，但内容没变，装的还是可食用的冷菜。常用冷菜品种有：五香牛肉、熏鱼、白切鸡、凉拌时蔬、糖醋海蜇、叉烧、盐水鸭、白煮肚头、红椒拌腐竹、卤猪耳、口条、盐水河虾和辣白菜等多种彩色原料。

区别还在于工艺，一种是比较粗糙的冷拼，动物性原料往往不去骨，自然堆放；另一种形式，刀工、刀法方面比较精细，注重色彩搭配，有时根据冷菜可成型切拼刀面的特点，拼摆成花卉、动物及传统吉祥图案，如花篮、宫灯、孔雀、凤凰、金鱼、寿桃等造型。

进入 20 世纪 90 年代，餐饮也与时俱进，讲究一点的宴请，有主盘和围碟之分。主盘，又称看盘，以食用材料拼成主题图案，仅供欣赏，不可食用，认为手摸时间过长，不够卫生。主盘边上再配八个七寸左右的单只冷碟，又称八围碟。有时为了搭配丰富些，又增加了四至六个调味小碟，让客人醒口或者佐饭，有甜、辣、咸、酸、苦、香等口味。

筵席规格和形式不断变化，发现看盘所用精品材料，上席半小时不到就撤下倒掉，认为是浪费，主要是为了突出气氛，体现宴席档次。后来看盘又改进为以南瓜、萝卜雕刻的生动图案，既有质感，又有造型和色彩，并且降低了成本，受到大家的喜爱。于是也就有了今天的新工种——果蔬雕刻，或者叫食品雕刻专业，但是仍属冷菜类，今天酒店通称冷菜房。

近年来，国家提倡提高蓝领队伍综合素质，发展第三产业，以集团化的形式组成攻坚班子，研究发展有中国特色的品牌产业。投入大量资金，培养自己的技术队伍，各地技能比赛活动频繁举办，仅烹饪专业上半年就有三场省级规模的大赛，奖励形式为成绩非常好的被评为劳动模范、技术能手，提前晋级等。

现在的冷拼比赛项目，统称工艺冷盘。工艺冷盘不再强调以食用为主，但制作要求是必须是具有可食性的食材，符合冷食的特征，拼制成具有造型美观、主题突出、刀工精细、简繁适当的作品。比赛重点在色彩图案和烹饪基本功上的表现，还有就是在平常食材上的大胆创新和创造。创新在图案造型上，栩栩如生。创造在原料的切割方面，利用自然造型和色彩，拼成具有巧夺天工、让人过目不忘的作品，还要符合传统中国饮食审美的特点。

此类冷盘，重在表演，意在锻炼培养人才，提高专业技能水平。不要以旧的眼光来挑剔，工艺冷拼，无论每盘重量多少或者制作难度是否有益于推广和适用，都是积极向上的，是专业发展的趋势，也是市场的需求。我们暂且称它们为视觉冷拼，我们应该祝贺新思维、新品种不断出现，应该坚决支持视觉冷盘的发展。视觉冷拼，这在一定程度上既满足了人们的饮食营养需要，又提高人们的饮食文化欣赏水平，还满足了部分文化需求，一举多得，何乐而不为？

2014.3.30 22:00 于兴隆大街

琐记元宵

今年是正月十八，正月十五已经过了。我这人不喜欢跟风，属个性强的一类人，眼看鞭炮声没了，四周静了，汤圆吃了，元宵节过了，各种辉煌的灯会落幕了，年与节的气氛也淡了，才静下来写点关于元宵的记忆。

我们家兄弟姐妹八人，一家生活全凭母亲瘦弱之躯张罗，我们都是衣来伸手，饭来张口的在读生。在20世纪六七十年代，农村家庭的经济收入较少，生活仍有达不到温饱的标准。我记得邻居同学家里，春节没有糯米磨粉，同学的父母就把自家自留地收的白色糯玉米，先用大石磨磨脱去玉米皮，在节前提早用冷水泡两天，然后带水磨成浆，再用纱布过滤，去粗皮，细粉沉淀后，用白方布包上，麻绳扎四角吊起沥水晾干三五天成型，放在阳光下晒干后，用刀砍成小块，用擀面棍碾成细白面，再过筛，粗粒复压，食时，用沸水冲烫揉搓成团，包上红豆煮熟，用锅铲压细加白糖拌匀的甜小豆馅料，入宽水煮熟，就是一年吃一次的元宵，我们老家称为圆子、汤圆、汤团。

母亲是要强的人，在她心里认为她的孩子吃穿都要比人家好些，这样她才心安，否则觉得对不起孩子们。每年春节将至，母亲必在市上购猪板油（大油）回来切丁，用白糖拌后入瓷罐腌两周，年三十晚上，取出用沸水烫糯米粉，包上糖猪油，搓成长圆形元宵，一头有细尖，如小辫子，围摆在笸子上，为防开裂，用湿布盖上。母亲包的鸡油元宵特甜、特香、特油润。年年过春节，我家必备此甜馅。细想母亲讲过，甜猪油其味感如鸡油香，让我不禁思考能否用真鸡油做馅呢？用白糖腌，加点姜味，或许大观园中做过真鸡油元宵吧。

母亲不会讲如何爱孩子的话，但她自己舍不得吃和穿。她常说，你们吃了，就等于我吃了。写到元宵，就会想起包含了深深母爱的鸡油元宵。

元宵，一份普通的食品，它是中华民族文化的综合载体，它香甜，以自然原料、传统制法加工而成，给了多少家庭幸福美好的回忆啊。

元宵，是元宵节的主角，一年一次的期待与坚守，也是百姓的向往。它不含政治、哲学，它就是食品。正如《舌尖上的中国》所说"感谢大自然的馈赠"，人人当珍惜。但愿我们的日常生活少点躁动，多点平淡、平常、平静、平稳，愿生活如洁白的元宵，周而复始地重复着香甜软糯。

追求团圆是永恒的主题，达到人性情愫的传承该更有意义吧。

2012.4.28 13:10 于六合

析上海阿大葱油饼

国庆节前从媒体上看到上海阿大葱油烧饼店的新闻，视频中有葱油饼制作的几个镜头，当时就想写点什么，因忙于琐事，耽搁下来。但心里一直未放下，总觉得，应把葱油饼的制作过程和原理还原一下，从中寻出点规律，分析其中的特点，或许对业界有益。

早上做了一个梦，我去问面点大师陈景华，上海阿大师傅制作葱油饼和的面，是加油还是水呢？陈大师笑而未答，我一急也就醒了。

在视频上见的是已经把面粉和成团了，表层有一层黄豆油的感觉。我猜想面粉只加豆油是不易和上劲的，必有水。估计面粉中加了水、盐或碱，使其上劲，如同油炸馓子的面团，油炸后酥脆，至于有没有加酵母，也不得而知。但见面团很软，见师傅操作用手指头轻压就成薄片，甩桌上，对折三截，然后拉拍薄片再卷、折、拍平，抹酥油、加葱花、添猪肥膘肉蓉，包成团，拉长窝卷（手法如做葱花卷），一气呵成，不用思量，过程全在心中。

摘抄两段网上形容的文字。

阿大师傅每日独自一人从凌晨3点开始忙碌，揉面、制成长条面饼、抹上油酥、撒上盐，抓一把葱花、一大团猪肉糜后卷起，再一一上炉子煎黄，最后放到一旁的桶内烘烤收干。这样一道道工序走下来，一炉葱油饼大概要花上20多分钟。

生炉子，揉面，饧面，撒一大把香葱，加猪油和肉糜，先在铁板上双面煎至微黄，再到炉子里明火烘烤。系着红色围裙的"阿大"师傅正低着头给葱油饼翻面，浓浓的葱油香伴着"滋滋"作响的油炸声，令人食欲大开……

我把这个视频反复看了多遍，片中只介绍制作过程和出品的外观、质感和口感香气等方面。

我再细化一下流程：和好的面，分剂，逐一用手拍按、折叠（案板上抹了油），再拉长拍平，抹上用猪油和面合成的油酥，撒上盐，抓一把葱花（未加盐拌，否则出水），再抓一大团猪肥膘肉蓉（或许肉内加少许盐出味，重油出味油润），包团封口拉长旋转卷成团状，放平锅（实为烤盘）中小火煎一面结壳微黄，翻身，用带柄圆形铁板器具按平再煎，至结出有色锅巴，翻身刷油，复煎至两面焦黄内油出熟透，发出滋滋的声响（猪油与葱受热出水不融合发出的声响），取出排放在高边炉膛四周边，加盖（方形烤盘），让饼出油（西餐油炸食品之后，入烤箱加热烤一下），行话称出油、拨油，又称把外表浮油烤出来，成品入口才不油腻，阿大师傅称"烘一下"。从物理上讲，二次恒温加热，是油脂与面粉产生化学合成反应而已，其实，饼竖放在"烘"的时候，饼内渗出的油也有限，这一过程，还没有专家来分析原理，但这一过程的确是必不可少的。

我总结这烧饼的特点是三重：重油、重辅料（肉糜与葱）、重火候。

饼烘过出炉，阿大对客人断喝："不许拿，必须过两分钟，不然不脆。"这一过程行话称"出气"，即饼的内外冷热空气转换，饼内水蒸气出来，则表层酥。

从上述细化过程分析，葱油饼的香气，来源于锅气（粤式风味称的术语）。锅气来源于面粉与葱、猪肥膘和盐，在油的参与和温度的作用下，才产生的化学反应。

烧饼的香气，达到极致，看饼的两面，焦黄至近乎于焦黑，这就是面粉受热的极限，过一分则焦枯焦黑，这时产生的香气最浓烈。

我们平时见炒咖啡豆和炒龙井茶也是，使其达到受热极限，才是极品的感觉，也就是大师的水平。

中国历来有文字训诂学，我认为阿大的葱油饼，当属面食中的活化石，更是民间手艺的精华，是普通食材主辅材料搭配加工的"天工"技术。

看似普通的一块饼，重复复制三十多年，其中厚薄、配伍比例（面、油、葱、盐等），还有火候时间，至于在煎的时候刷油，出锅"烘"一下，这一智慧火花的闪现，如盐卤点豆腐那样，是千年难遇的巧合成果。

上海葱油饼，这一现象也只有在上海这个大环境，才有它研究、制作发挥的空间，若在小县城，有几人识得，又有多少人群消费得了呢？

最后，小小葱油饼，我们不应该仅仅报道一下就完事了，任它自生自灭，当加以关怀扶持。什么叫大工匠、大艺术？这块饼就是。

行话讲：口头讲千遍，不如做一遍。德国有家传技艺，为了得以传承，作为本地区的历史遗产文化，国家拨款让传承人正常制作，以按时发工资的方式奖励传承人，并且销售收入归自己，这种鼓励方法，使传统技艺得以延续，也值得我们学习和借鉴。

2016.10.11 7:30 于横梁

乡愁记忆中的碎片——冬瓜（上）

冬瓜，陪伴了人类很久很久，来自哪儿呢？

植物学者的答复是："冬瓜起源于中国和东印度，广泛分布于亚洲的热带、亚热带及温带地区。中国从秦汉时的《神农本草经》就有栽培记载，公元3世纪初，张揖撰《广雅·释草》也有冬瓜的记载。《齐民要术》中，也记述了冬瓜的栽培及酱渍方法。"

从冬瓜的名字看，不像是舶来品。冬瓜没有用西、胡、洋字开头，而是以冬字开头，我猜想可能因为瓜类含水分多且不宜保存，但冬瓜就算摆放在通风干燥的地方，也可以存放到冬至前后而得名吧。从民俗学上分析，冬瓜个头大，便于保存，在缺粮期间冬瓜还是解决温饱的一种辅粮。

农民喜种冬瓜，它生长容易，不需要特定的生长环境。农家屋前屋后，路边田埂上，冬瓜都能生根发芽、开花结果。它与南瓜相比，不需要套花（即人工授粉），授粉的工作交给昆虫们去完成。

我小时候在老家，农家养猪的地方称为猪圈。猪生长在圈内，过几天就要用铁锹把猪粪铲出圈外，猪粪堆积多了运送到田里，翻到地下就成了有机肥。那肥料虽有臭味，不及氨水尿素省力，可肥力非常好，种萝卜、白菜和玉米、大豆之类的植物，生长得绿油油的，并且田的土质越来越好。猪粪放在田间地头除生长的庄稼产量高之外，最大特点就是植物固有的本味突出，结出来的果实口感好。

记得在乡村，很多人会在猪圈堆粪肥的边上栽几棵冬瓜、种几棵扁豆。这两种都属于藤蔓类植物，各自生长，冬瓜先开花结果，未进暑就有冬瓜吃了；那扁豆瓜藤，不紧不慢顺着瓜藤架爬到猪圈顶吸收阳光，先开花后结果，初秋时节，一串串扁豆昂着头高高挂出成果来。

猪圈内外的肥力，让植物生长茂盛。猪圈顶爬满了藤蔓类的植物，遮住了光热，猪在圈内也阴凉了，猪长得壮，瓜与豆也借此肥力长得葱茏一片。

那冬瓜也有"灵性"，在有人经过的猪圈旁必躺着几个大冬瓜。农民进出下地干活，见到冬瓜一天天长大，不打农药不生虫，不用侍候，它长它的，不扰人。邻居经过，夸一句："二婶，你家冬瓜长得真大。"这时二婶眼睛都会眯成一条线，露出牙齿笑着说："哪里噢，你家那大白冬瓜才大呢。"

"还是你家长的大，你会种……"

大家就这样一起愉快地下田干活去了，留下一串笑声。

在农村，流传一句话，说冬瓜是夸大的，每天有人夸奖它，瓜长得就越大。见那冬瓜一天天变大，各家心里有种甜蜜的感觉，日子就随着那细小绒毛包裹的母瓜花，一天天奔着希望向前。

经过观察，指头大的瓜"纽"一天一变。冬瓜薄薄的青色皮，经过了盛夏酷暑之后，冬瓜的表皮铺满了厚厚一层白霜，为了使冬瓜防冻，在霜降前必将它摘回家去，摆放在靠墙角的地方。冬瓜存放忌暖。

把冬瓜作为蔬菜，不仅作为补充粮食的辅料，它还是一味中药呢。我姐姐今天中午还讲，老的冬瓜皮晒干，冬日晚上泡脚有保健活血的功效。

前两年去湖熟看菊展，见那大冬瓜一溜排，每个冬瓜长有一米五六，皮厚瓜肉结实，瓜形也好看，没有疤痕，光溜溜的，我特地拍了照，这也是我喜欢农产品的情结。冬瓜曾伴着我们走过一段难忘的岁月。

2018.8.1 15:16 于龙口南山旅游度假区

乡愁记忆中的碎片——冬瓜（下）

冬瓜的生长环境，属于最不讲究的。冬瓜见土生根，瓜形硕大，宋代郑安曾有诗云："生来笼统君休笑，腹裹能容数百人。""笼统"这二字大概就是"混沌"的意思吧。

有人曾这样说过，冬瓜的花叶都很平常，冬瓜的姿容也不够俏丽，但它一身是宝，秀慧优雅全掩藏在它那大大咧咧的外表下。

这里的笼笼统统、混混沌沌，一点也不讲究模样，正所谓大相无相才更显得浑朴庄严。

大相如冬瓜，一个人只有大相混沌了、笼统了才能不计得失，才能大度能容天下难容之事。

细想一下，大如枕头、结实如木的冬瓜，呆头吊脑的模样，横七竖八地躺在瓜藤上，似乎很不拘小节。看看冬瓜全身是宝的作用，让人想起一个词：大智若愚。

最了解冬瓜秉性的莫过于李时珍，称冬瓜瓤为"瓜练"。此处之"练"，百度有文：谢朓名句"余霞散成绮，澄江静如练。"练，白绢也。冬瓜内秀，粗皮内自有丘壑，它是很看重内在修养的。

尽管历代咏冬瓜的不多，但就上述文字中所述，冬瓜在瓜类中的"地位"应该是让大家刮目相看了。

近几天在山东见到一种青皮冬瓜，形色与市场上的无异。老农讲，这是水果冬瓜，可以生吃。我好奇，买回来去皮切片，舌尖舔一下，真如菜瓜一般，无不适的感觉，为了放心地吃，我将冬瓜切小块，焯水，用油和蒜头、盐煸一下，加点汤与鲜扇贝炖，十分钟后，瓜酥色翠，汤鲜瓜有清香，心想这可是新产品。这瓜质地紧实，不易褪色，也耐熬火，不抢味，夏天食用有清火消暑功能。

瓜汤加点干虾米和咸肉进去，味就浓了，若与海带根和鲜菇一起炖，味道也不差。

美食家袁枚算是冬瓜的知音了。袁枚在他的《随园食单》里说："可荤可素者，蘑菇、鲜笋、冬瓜是也。冬瓜之用最多，拌燕窝、鱼肉、鳗、鳝、火腿皆可。"

从历史故事中读到，唐女皇武则天吃山珍海味吃腻了，御厨们把冬瓜刨成丝，拍上豌豆干粉，下沸水焯后投凉，根根透明发亮，放入上好的高汤汆熟，盛入精美的盛器内，可汤可食，形美不散，朴素典雅，入口鲜香。据介绍，这道素燕窝深受欢迎，成为历史名肴。至今在洛阳水席名宴中，仍是不可或缺的一道主菜。

从古至今，冬瓜都是名馔之材，又是普通人非常喜欢的家常菜。

现代冬瓜入馔，也有历史的痕迹。小时候，那个年代粮食是不够吃的，胡萝卜、南瓜、红薯是可以代替主粮的，冬瓜虽然很大、产量高、水分多，未见有人家用它煮稀饭或蒸着吃的。记得，农村人家用冬瓜与大酱烧，作为菜来佐食，或者烧汤加几个虾皮，通常的吃法就是一个字，烧。常吃也腻，有时会加点酱油，结果会出酸味。传统冬瓜本来就有点酸，现在好像感觉不到酸味了，品质也改良了。

改革开放后，有人用冬瓜切片拉油，与肉片、鸡片炒，配点青椒，色味全有了，火候恰当，又勾了芡，出水少，受到百姓的喜欢。

最近几年，冬瓜翻新很快，切粒做牛肉羹的淘汰了。将冬瓜切厚片用盐拌一下，油炸后干烧，有夹在薄薄的扣肉中的，也有加糖红烧称为东坡冬瓜的等。

我在安徽屯溪待过，见山里人什么植物都能晒干。用冬瓜干烧肉好吃，受到欢迎，又便于保管。当年就想，这要多少冬瓜来晒啊！遇雨天最难办。

食品加工行业，也擅长利用冬瓜，采用脱水方法在冬瓜中加水蜜桃香精和色素，做成月饼馅。在苏州学习期间，有人用冬瓜糖做八宝饭和甜菜类。

冬瓜，是我记忆中的碎片之一。我喜欢吃冬瓜，它吸味吸油，用它与海鲜海制品鱿鱼海参相搭，均讨好。干贝冬瓜球和冬瓜鸡，都曾经风行一时。

20世纪九十年代，汉府饭店一总厨，军内转业的，工作表现突出，机关奖励他去香港旅游，他自费买了一个冬瓜形铜银质餐具回来，内盛广式冬瓜鸡，见了尝了让人惊奇，受到市机关单位的一致好评，被评为市十大优秀青年。我至今记得那金黄的冬瓜造型，还有瓜藤的枝叶，豪华大气。

冬瓜的"笼统"写出来了，归纳为一篇心记，是否有价值也不问了，以冬瓜为榜样，混混沌沌吧，不，还得留点清气吧。

2018.8.1 15：16 于龙口南山旅游度假区

第七篇

饮 食 杂 谈

尘封的菜单

　　昨天下午来到六合。准备近期写写军内宴请的过程。晚上在书橱内见到一张菜单，估计西苑宾馆也没有档案保留。

　　可以说这张菜单的规格超过当年社会上的顶级名店——金陵饭店。

　　首先是原料成本，金陵饭店要核算成本，在选料上比不上军区饭店的全力以赴；宴请规格是有标准的，订菜单时是以市场上最佳、最流行、最有把握的出品出现。其次是数量，金陵饭店是以宾馆的模式，六菜一汤一冷拼二点一水果一主食；部队饭店是八冷盘、八调味、十热菜、四点心、一水果、一主食等，外加一花式拼盘。很多人不知道，八调味是干什么的，简单地说，就是用于醒口调和口腔味蕾反应功能的重口味食材成品，或辣、或甜、或有个性的色彩及有着能下酒的佐辅料。

这里有很多弯弯可绕。腰果是下酒菜，如果用于八冷盘，觉得档次低了，就把它放到调味料项目内（碟子稍小，约 6 寸），还有调节台面味型的功能。如八冷盘中缺甜，就把腰果做成挂霜；如果台面缺辣，即辣酱拌炸腰果；若台面荤料过多缺素，就用烫香菜、荠菜拌切碎的腰果。调味是部队宴请的独特风格，体现丰盛和重视。

还有，地方的宴请大多是一桌上的几个菜同时上齐就结束，部队有时另加蔬菜和汤类。

下面简单介绍一下热菜组成：兰花烧卖，即三丝鱼卷拼蛋烧卖，都是蒸浇明芡；花蛋鸡胗，即荷花蛋拌金陵扣蒸（或清炖）鸡胗；海参鸡蓉蛋，是葱扒海参拼鸡蓉蛋，鸡蓉蛋这个菜由张洪儒大师从无锡学回拼用的；鸡火鲍鱼汤，即熟鸡片、热火腿加罐头鲍片加高汤，咸鲜口味；纸包大虾，选用山东的虾，经油炸后，调咸辣味，加少许黄油，锡纸包，下烤箱焗；八宝连珠水鱼，八宝填在大甲鱼壳内，整只红扒，边上围饰一周鸽子蛋、菜心；常熟叫花鸡，用生面皮加白酒换作泥来烤，出香气；流江鳜鱼，流江地名，即清蒸鳜鱼；浇酱汁八宝，近似于苏州的细卤技法形式。

其他几类菜品，内行一看便知，其实也不好做，要求新鲜、精致、可口、做工到位，传统制法，装盘美观等。有一点瑕疵，就会受到批评，追查原因，分析结果。

这张菜单尘封了有二十五年之久了，吃的人很满意，做的人尽了心。这一次的任务，从上级通知，到制定菜单，饭店领导把关，报管理局审批，由厨房开单备料，在开餐前一天，交由军区首长司令或政委的秘书查看，同意后即可制作上席。

其他方面：如用哪一个厅，是否用银器和雕刻品，口布折什么花形，主宾椅背上是否扎绶带，喝什么酒，备几种饮品，桌上摆什么香烟等，这些工作不能有失误，因为这餐饭，反映了军区的接待重视程度和接待水平，是值得被记录的一餐。

2015.3.4 0:55 于六合

大师与工匠

大师，指造诣深、享有盛誉的学者、专家、艺术家、棋手等。工匠，主要是指有工艺专长的匠人。更深层的含义为：专注于某一领域、针对这一领域的产品研发或加工过程全身心投入、精益求精、一丝不苟地完成整个工序的每一个环节，可称为工匠。

蓝田有"厨师之乡"之称。该县厨师数量之多，分布之广，烹饪技术今古闻名。明朝崇祯皇帝、清朝光绪皇帝和慈禧太后的御厨房中皆有蓝田籍人。据有关文献记载：距今七八千年前的原始社会末期，人类出现了第一次社会大分工，手工业从农业分离出来，出现了专门从事手工业生产的工匠。

我这个人，学厨出身，可能在厨房久了的缘故吧，自认一根筋，遇些"微不足道"的事，偏要打破砂锅问到底。

本月二十一号下午，省餐饮行业协会在国展中心举办美食博览会，有好几项内容，其中一项是颁发江苏省六十名"江苏美食工匠"的证书，本人有幸被列入其中。

应邀前来参加大会，上台接受奖杯，自然非常高兴，心存感激，并对亲自通知我的胡畏秘书长讲："非常感谢协会于副会长和秘书长对我的关心和关注"。

当日接到奖杯，上面有"江苏美食工匠"六个金字。回到座位，我向左边的张洪儒大师开玩笑地讲："厨师何时由师降为匠了？"张大师讲，这是配合国家提出要有"工匠"的敬业精神的需要，说明政府重视基层的技工人才。

我理解此"工匠"是统称而已。古有三百六十行之说，这若干个不同职业（又称行业）工种，统称为"匠"类，用现代话说，就是对具有专业技术的工人所从事的职业的泛称。

正面的理解，现在称"工匠"是褒义词，是认真、努力、勤奋、敬业的代名词，是尊称，不是旧社会时的贬义称呼，意思是没有多少文化，靠手艺吃饭的人群。

厨师这个职业，大家都很明白，就是把食物由生加工成熟、成为美味的职业工人。

史书记载，早在周代就十分重视烹饪，古籍中有"周八珍"的文字记载，也是最早重视厨师这项职业的。把专为宰杀牲畜的人称为"太宰"，把从事烹煮的人员称为"膳夫"，把"厨师"与医治疾病的人同等看待，故有"医食同源"之说。大家都是为了人的健康而服务的。

历史上有许多由厨师转为高官。如易牙、伊尹等都是厨师职业，后来因为技术成熟或善于总结，而成为太宰，相当于国家的宰相。老子在《道德经》中也有一句行话"治大国若烹小鲜。"

今天会有人认为，历史真滑稽，国家政治、经济、文化怎么就由厨师来掌控呢？从当时的历史情况来看，从一件食器就可以看出"厨师"行业的重要性。

石刀，大多数理解，就是今日厨房里的厨刀、菜刀。人类在"茹毛饮血"的年代，不懂穿衣，不会使用火，没有陶器……过了若干年后，把石块敲磨出刀口（又称刀刃），用于切割打猎而得的动物，用石器将肉类捶、切成细蓉，在陶器餐具中制成的"肉沫盖浇饭"（淳熬），就是周代八珍之一。

由此推理出，在奴隶社会早期，人类的主要目的是温饱，吃饭是第一要事，才有后来的一句名言"民以食为天"。人类通过劳动，促进了大脑的发展，生产力也随着工业、农业手、工业的兴起而发展，开始追求食物的精细与美味，才有春秋时孔子的《论语》"不撤姜食""割不正不食"的经典。

饮食问题解决了，健康问题改善了，随着物质产品的积累，人类逐步开始从饮食人员退出管理层，专业从事"烧熟煮透"的职业，而由懂文化的人士（学子）参与管理工作，社会再细分为工、农、商等业态。

厨师的职业名称，国家专业定名为烹调师、面点师两大类。从历史上膳夫到后来的庖丁、大师傅、烧菜的、做饭的、厨子、伙头军等称谓，逐步过渡到现在的大厨、大佬（港称）、头厨、厨师长、行政总厨、餐饮总监等。

通俗的称呼厨师，易懂，也不褒不贬且真实。厨师的名字从社会地位角度看经常是波动的，是与国家的政策法规相关联的，国民的经济收入、居民生活消费水平与厨师职业的兴衰也是相关联的。居民收入高，讲究生活品质，厨师的技术水平提高了，收入和社会地位也随之提高。

曾经有段时间，大学生刚出校门，工资起点就高于已经干了十多年工作的厨师收入，还列入为终生干部编制，每过两三年，法定上调工资。而在岗位上几十年，厨师水平再高，管理能力再强，退休仍然还是一名普通工人的待遇。

现在国家重视工匠精神，更加重视工匠的经济收入和社会地位，这是科学合理得人心的政策，谁为社会贡献多，谁在行业能力强，就应该多些收入，应该受到政策上的扶持和社会的尊重。

国家提倡工匠精神，对厨师队伍的发展是一件利好的事，我也当然为之高兴和欢呼。但是，仅仅顶着匠人这顶帽子是不够的，必须还要重视爱岗敬业的精神。一刀下去就是基础造型，一勺倒下，复合美味溢出，一盘美食，包含色、香、味、形、器、养、美等综合元素，能让普通食材成为美食经典；让一席盛宴，使顾客激动、回味，终生难忘；让饮食文化发扬光大，让烹调技术服务于平民百姓，这就是工匠精神的体现。

无论是师还是匠，都是大中国发展强盛的基础，是行业发展的传承人。工匠要有大师的本领和精神，大师要有过硬的水平和技能，要有开阔的眼界，才能成为行业发展的策划人、领路人。

工匠，是从实践中掌握技能，通过理论文化而提高自己，这就是未来大师的接班人。烹饪大师把各个时代的烹饪特点总结出来，把毕生的工作经验以文字形式总结出来，让技术永存，让经验普及，这就是大师的重担和责任。

最后说一句："一家之言，定有挂一漏万的不足。"上述也是我的真实思想。愿听业界朋友宝贵意见。

2016.10.26 13:38 于江宁现代城

道不明的性与味

前几天在一餐厅尝了一个煲类汤菜，给我留下很深的印象。席至中途，见服务员小心翼翼地端着冒着呼呼蒸汽的大煲上席，一下子吸引了大家的视线。揭开大煲盖，一阵鲜香袭来，只见沸腾的汤水上面漂着一层黄色的油，隐约见汤中躺着一只全鸭，就那香气，那阵势，已经"先入为主"了。细心的服务人员，现场拆骨分肉，每人一碗。除了鸭肉与笋之外，还有半只切开的蟹，趁热低头先喝口汤，大脑中立刻出现一个问号，这是鸭汤、蟹汤、滋补汤，还是混合创新类汤馔呢？都是餐饮大咖在场，都夸好啊，透鲜不油腻，又有时令特色，我就不吭声了，闷声再添一碗，细细品味。

霜降过去几天了，这两天准备写点秋冬养生的话题，查看相关资料，"老生常谈"的内容真不少。

补，先弄明白这个字意，从身体需求来讲，人生一年经过春泄、夏亏的经历，当然要在秋冬季节补一下。

补什么？当然是身体需要什么补什么，专业老中医施治，当然是因人而异。而在大厨房内，厨师的记忆中，首先想到的是补肾，补肾的核心，就是百姓心中认定的真理。动植物内，形状像什么，吃什么补什么，有一种观点是以状补状，可谓是五花八门。这其中也有中外的经验之谈。

国人笃信牛鞭与卵，羊肉、猪腰、老公鸭、甲鱼、泥鳅、黄鳝等，离不开老母鸡来增鲜添香。

很多人坚信中药滋补，始终乐此不疲，如虫草、海马、锁阳、辽参、人参、红枣、当归、薏米、腰豆、老姜等，凡此种种。

为了谨慎之见，分别查看各类食材的配料原理。我害怕了，这里面食材和药材的选择有学问呢，切不可胡乱随手抓几把那样简单。在列入"补"字的食材中，又有君臣佐使，温热寒凉之分，互相之间，在汤煲的温度之下，有的是互补，锦上添花，有的是互相制约，这食材制约与身体健康是有讲究的。

传统的养生又有啥讲究呢？人参不可与萝卜同锅，红糖不可与菊花同杯，如此等等。在于各类食材的特性，那就是"性味"。

各种食材的性味不一样，如牛肉性温、杂交米性温、大米性凉、青南瓜性寒、黄南瓜性温、生荸荠性凉、熟荸荠性温……

如此特性，又让我想起自己多年的生活体会：鸭，属凉性，盛夏与青莲同蛊有清火去暑的功效。至于螃蟹从中医角度来讲，是大凉的食材，且性寒，久病之后，体质弱的千万不能碰，有的人吃了，痢疾就在门口等着呢。

古人食蟹选用姜米与醋同食。醋，蟹腥，姜是温性，再喝点温热加饭酒（暖性），这样寒温中合，取长补短。

细看之后，也能看出其中的规律，凉性食材，多为难消化的材料。如田螺、河蚌、冬笋、绿豆、猪肠等，这些食材，老人与妇女、小孩应当慎吃。暖性食材，多为高蛋白性质食材，麻辣属于燥热性，虽有弊端，但在川地可去漳潮湿气，梅雨季节有御寒功效。

凉性食材，也不是绝对不能碰，相反它们有时也起到与热性类食材平衡制约的作用。东北的居民，认为面粉、豌豆属于凉性，夏季食用较多，脸上不会起痘。在浙江绍兴用梅干菜煮河虾汤，具有去火功效。广东大厨擅用凉瓜（苦瓜）煲猪肚，一补一消，内地人不懂广东人吃得好，但不胖，因为他们会科学地煲汤，既满足分享食材的肥腴鲜浓，加了点凉性食材，四两拨千斤，该吃的吃了，又不会给身体带来副作用，这就是一物降一物。江苏洪泽湖、金湖的水域里夏季荷叶连连，人们用鲜荷叶扣在煮粥的锅上，蒸汽熏蒸滴下的汁液，有清香清凉作用。如果用荷叶炖排骨，必苦还会连累着腹泻，因属于凉性。

江苏的饮食方向，受江苏文化的影响。比如在秋季居民的餐桌上，常见有蒸煮的大山芋，用小菜咸萝卜干搭搭嘴，看似平常，其实也有养生的奥妙。山芋吃多了，胃弱的人就会有胀气的感觉，百姓认为吃萝卜通气，因此，两者合吃，就避免了不适。酒席上萝卜丝拌海蜇，黄瓜拍蒜头，咸鸭蛋在席上，喝酒的人认为爽口，那是因为它们均属凉性美食。

饮食有文化，滋补有学问。作为从事餐饮的专业人员，除了熟悉炒出爆熘炸的菜品之外，食疗保健、营养与健康，都与我们平常人的生活有关。

中华几千年的饮食文明，有《黄帝内经》，也有《吕氏春秋》，历朝历代无论处于什么阶层，都离不开生存与健康这个话题，同时也是非常重要的课题。如果从业人员认识提高了，制作重视了，烹制出有味有补的经典出品，这对于提高全民生活品质，有着非常重要的意义。

2018.11.5 22:15 于二桥开往横梁的细雨路上

说"笋"

前天和新东方李祥教授聊天，画山水太耗时间，建议他画几幅竹子，作为应酬。他说，江浙文化底蕴灿烂，画竹人太多，不想挤这独木桥。

春节前我随他去靖江，邀请他的王总是他多年朋友，指着别墅二楼休息室墙上一块空白处，请他李大师"设计"一下。观看了周围摆饰后，便说道画幅竹子放在这里较妥些，在这优雅环境的区域，轻松地休息，也可怡情养神。

一句"好"之后，喝了杯茶，立马动手作画……

很快，他就用熟练的笔法创作了一幅潇潇洒洒的墨竹画出来，记得题目还是我建议的，也是我第一次见他画竹。

我有一战友连善，是专业画家，也是画竹大家，南艺一院长见了他的作品，感到震撼，在他画册上评价甚高。

画工如何？仅举一例，前几年，在天津举办一个全国性的名家书画大赛，要求参赛者创作一幅六尺的画，获奖与否，不退作品。

感谢连善与我分享了创作内容，他对自然环境特别关注，经常有愤青的言论，抨击生态环境遭到的破坏。

他介绍说，曾创作了一幅图，一根孤零零的竹竿上，趴着一只细腻的工笔画大熊猫，低头看着光秃秃的地面，题款是：家在哪？竹竿粗壮直立，熊猫传神，他的工笔功夫师承他老师徐培辰，熊猫的毛与色远看逼真，作画花了二十余天。

画寄出后，很快有回音，肯定画得很优秀，经组委会研究：与大赛主题不符，建议另画一幅，获奖概率也高，破例退还原画。

连善拒绝重新选题。后来组委会从画上有几片竹叶读出，知其功夫必不凡。作为特邀嘉宾参加，还提供飞机票。

仅凭几片竹叶，就有这样的故事，画竹该了得。连善去年去无锡，这幅画赠送给我和他的朋友了。

今早去了菜场，见有春笋，眼睛一亮，大脑立刻显现出关于笋的出品，不多问，手指甲在笋肉上按一下，不老，买笋付款回家。

剥笋的同时，想起连善送我二幅竹笋图。是他本人去了市场，见笋好，买了二根，画了二张，我全送给朋友了。他如果知道，会怪我不珍惜他的劳动成果了。

笋煮入锅中，甜甜的清香味出来了，又想起卖笋的人，见我拿走笋，在我身后大喊：你会吃吗？麻嘴呢。我头也没回，心想：横梁人真实诚。耳根传来别人一句话：不会吃，还会买吗？

今天空闲，准备就吃笋、品笋和与笋有关的故事，找找凑凑写一篇。

在书橱抽出一本周作人的散文集《饭后随笔》，在其中一篇《梅兰竹菊》，文中这样说："据传说，孔子称兰为王者之香，要算辈分最长，竹则有王徽之恭维为此君。"

王徽之（公元338—386年），字子猷，东晋名士、书法家，书圣王羲之第五子。

史书载：王徽之曾经暂时借住别人的空房，随即叫家人种竹子。有人问他："暂时住一下，何必这样麻烦！"王徽之吹口哨并吟唱了好一会，才指着竹子说：何可一日无此君？延伸的训诂：宁可食无肉，不可居无竹的典故，原来源于此啊。

有竹必有笋，有笋定有竹。好像又绕到鸡与蛋的关系上了。不管怎样绕，笋入诗，竹入画，都受人喜爱。

作为烹饪研究者，下面是板桥的名诗，我是特别喜欢，朗朗上口，有物有味，有季节有过程，读诗有胜过品鱼的感觉："江南鲜笋趁鲥鱼，烂煮春风三月初。分付厨人休斫尽，清光留此照摊书。"

这是厨师都喜欢的一首诗，这诗中的笋是辅料，与鲥鱼同烹，无论烧还是蒸，均起到锦上添花的作用，这"趁"字用得真好，业界很少把笋作为主料的。

清代才子袁枚在《随园食单》中多次提到笋，在"搭配须知"中曰：烹调之法，浓者配浓，柔者配柔。其中可荤可素者：蘑菇、鲜笋、冬瓜也是……

理解为笋类（干、鲜）可清煮，如盐水、盐烤，可浓，如咖喱、干烧，可荤，如烧肉焖鸭，可鲜，如腌笃鲜、虾籽双冬（冬笋、冬菇），可衬托辅佐，如三丝鱼卷、沪派扣三丝，抢味的炒虾仁，辅味的炒鳝丝，浓味的水煮牛肉，加几片，特爽口，舒服在牙齿，清鲜在舌尖。

它入得农家饭桌，如雪菜冬笋丝，也进得华堂盛宴，如鸡包翅、扒乌参、扣仙裙，哪能缺了鲜笋呢？大厨如果用得不恰当，多了少了，粗了细了，在食客或业界，那就留下笑柄了，几十年也忘不了。

近来想起一句名言：咬得菜根香，则百事可做。春笋、冬笋，生于土下，因上市季节不同，性味有异，冬乃甘酥，春者脆嫩，各有千秋。干笋、腌笋、酸笋、熏笋等不下一二十种，我猜想，没有在一线工作三十年经验的大厨，在各类笋材面前，难免拿捏不准。

再回过头来看袁才子，他对笋仅是略略地提了一下：问政笋丝、天目笋、玉兰片、笋脯等，在《随园食单》中，并没展开写呢。

历代名人如郑板桥、扬州的文思和尚、戏剧家李渔、近代学者梁实秋、汪曾祺等，在他们的作品中，就笋都有自己的见解，有的在小说、随笔中写到，有的通过画笔表现，更多的是对笋的"净"而不染的特点而倍加推崇。

笋，是否属于菜根，没人考究，但人们对笋的喜爱是不言而喻的。

我觉得，嫩笋是食材，长大成竹是实用之才。笋味有个性，油烹水煮性不变，脆也；千刀万剁不改其质，嫩也。珍惜它，会为主料添彩，弃用它，再有名的菜，好像也缺了点精神。筵席上应该永远少不了笋的存在。

笋肉未烹无色，烹后风味无穷，笋衣细嫩无渣，笋香朴实，老少皆宜。我喜欢加工食用鲜笋，更喜欢古今文人墨客对它的咏赞。

附庸风雅本意大家懂，略有贬义。咱曾经是一名厨者即俗厨，今天写到笋，笔下没有什么新意，就借古今文人对笋的喜爱，归纳小结一下，算是附"笋"风雅一下。

2017.4.15 15:06 于横梁

感动水牛——尊牛

对于自幼生长在农村的我来说，对牛的认识仅限于黑牛和黄牛及雄雌。我幼时纳闷，咱老家全是旱地，无水田，怎知道哪种是水牛呢？闹了个笑话，以为水牛就是在秧田犁田的那种。查资料才知水牛是牛的一个品种。比如，同样是猪，因品种不同，名称也就有区别。

牛在农村属于大牲口。记得幼时暑假期间，骑在性格温和的母牛背上去放牛，牛慢悠悠地走在两旁长满芦苇的小道上，一边低头行走，一边摇头望着嫩嫩的芦梢，牛尾在左右摇动，想想真有点难忘。心底里常常天真地认为，老天爷对牛太不公平，因无法改变，只能记在心里。

那个年代，农村还没有实现现代化，一眼望去，地里全部长着庄稼。傍晚时候，炊烟袅袅，村头的树杈上，不时传来喜鹊叫的喳喳声，一片祥和。抹不去的记忆里：河里有游鱼和小虾，门口站着看家的狗，灶口蹲着猫，大圈里养着猪，自留地里跑着鸡，屋后水沟里生长的芦苇，悠哉浮在水中的鸭子……这些动物基本上都是自由的，不愁吃，不用劳动，不被打骂，这就是我为牛鸣不平的原因。

早春，寒气还未退去，有一年之计在于春之说。同样都是家养动物，春种耕牛格外忙，起得比鸡还要早，牛背披着雨露，饿着肚皮下地去犁那一辈子也翻不完的土地，气喘吁吁，若一步走弯，冷不丁背上挨了一鞭子，走慢了又被吼骂一顿，这就是牛的日子。我想披星戴月这一成语，是专为牛而定制的吧。

舒舒服服躺在稻草窝里，睡到日上三竿的肥猪，眼一睁，一桶猪食送到面前，天热，主人担心猪胃口差，还加把盐进去搅搅，冬天投喂精饲料，还放在锅中煮热给它吃，希望它吃饱喝足。

鲜明对比的是，牛干一天活下来，主人抱一堆不干不净、不青不枯的杂草放在牛桩前，一口水也不给，吃也是这一堆，不吃这也算一顿，明天照常干活。犁地、拉磨、耙地、拖石磙、碾麦穗等，这些活排着队等着牛去完成呢。

狗，吃的和主人一样，有荤有素。猫，常有小鱼改善生活，不用干活，叫几句，就有吃的了。鸡和鸭，可飞可走，哪边菜嫩去哪吃，哪有小螺小鱼去哪里，天天有澡洗，回来后向主人叫几声，算是报过到，得到的不是玉米就是小麦。

至于不吭声的老牛，只有在产出小牛供乳期内，才用水泡点榨过油的豆饼掺于草料中，算是特殊加餐。

俗话讲，人比人气死人。牛也是，不能比。牛如果知道去比，那就真可能气得上树撞墙了。

牛也是家养动物之一，见到牛做的、吃的、享有的，它和其他动物相比之后，我们是否该去尊牛呢？

2018.12.3 22:45 于横梁

感动水牛——爱牛

牛，在所有的牲口中，对人类是最有贡献的。

牛，是农民的宝贝，也是农民家中的重要一员。它为主人耕地、拖碾，风里来雨里去，随牵随走，只有埋头干活，很少能让它闲个半天。尤其是春耕、夏收、秋种的农忙季节，收了庄稼又要赶季节种下其他农作物，每天连轴转，几家合用一头牛，可见牛在农耕农忙的时候，是多么的重要。

记得小时候，在放寒假里，小伙伴们一起去生产队里的牛房中聚暖。按照牛的生活习惯，无论外面雨雪如何，上午、下午必牵牛去寒冷的水边，让其饮水。听老辈人讲，冬天水冷，老牛牙齿受损，牙碰不得凉水，这才知道了。见牛吃了干草，有时牵着去水边，低头接触水面又转头，让它回去又不肯走，只有靠近了牛，才知道了冬天里牛的日子也不好过。

上学之后，读到鲁迅先生"俯首甘为孺子牛"的诗句，老师解读诗词含义，把牛的精神、牛的奉献、牛在人们心里的地位做了介绍，高度赞赏牛是辛勤的耕耘者，当然是猪、猫、狗不能比的，形容它们的词汇，多是用懒猪、馋猫、走狗等贬义词。

默默无闻、一生奉献不计名利的人，常被比作老黄牛。把幼儿称为孺子，以牛与人同等相称，意在对牛的喜爱和重视。

百度曰：牛一直被看作勤劳的象征，温和驯良，深受人们喜爱。很多老一辈革命家都曾自喻为牛；当代大画家齐白石自称"耕砚牛"；李可染一生酷爱画牛，在自己的画室里挂着"师牛堂"的横匾，所有这些都表明了人们对牛的莫大喜爱。

幼牛出生后，跟在母牛身边不到一年，就会被套上笼头套，下地干活。从不听使唤，到听懂主人的吆喝，就开始进入漫长的耕田之路，几年辛劳下来，做的当然都是苦力活，衰老是在所难免的。

农民认为，牛，下地干活，天经地义。当然，农民常年与牛一起在土里刨食，对牛也是有感情的，舍不得无故抽它鞭子。遇到公牛犯犟的时候，见扶犁人大声地发着脾气，对着空中甩下一鞭子以示警告，牛见未真的抽到它似乎心有灵犀，也不再闹情绪，乖乖地耕着田。

在农村，还有一不成文的惯例，对于年长无劳动能力的老牛，不急于处理，养它半年不用干活，意在牛为大家辛苦一生，让它吃些草享享清福，以示对牛的爱护和尊重。以养老送终的形式对待老牛，这在家养的动物群中，仅牛一例，获此待遇。

小时候，见过经乡（公社）里批准宰杀的老牛。本村人不忍心下刀，请外村屠夫过来，牛自知大限已到，双眼流泪，见到屠夫也不挣扎。村民见牛倒下，许多老人双手掩面，舍不得朝夕相伴的老牛。

牛，是普通的驯养动物，但又不是普通二字所能概括的。人们常说，牛吃的是草，挤出的是奶。在农村里，对牛来讲，吃的最多的是苦，干的是最重的活。

用王安石的一首《耕牛》来形容牛的一生，也算是对勤劳的老牛表达一下爱意吧，朝耕草茫茫，暮耕水滴滴。朝耕及露下，暮耕连月出。自无一毛利，主有千箱实。皖彼天上星，空名岂余匹。

2018.12.4 23:15 于横梁

感动水牛——解牛

学厨之后，仍不忘牛与人的感情。因职业关系，常少不了面对一堆牛肉，或卤、或烧、或剁馅等方法。 时间久了，对牛的理解又有了变化，毕竟牛属于动物。以科学的态度，来看待"庖丁解牛"这项工作。

学厨时，必须要研究牛肉的加工方法，当然也是厨师职业的必修课题。初入厨界，对牛的分档取料，识别牛的种类，如黄牛、水牛、仔牛、老牛等（奶牛不在研究之内）。对于牛宰杀后的不同的部位，也是厨者必备的常识。牛脊、牛臀、牛腩、牛蹄、牛心、牛筋、牛掌等，熟悉其结缔组织和骨骼结构，并要根据不同部位的烹调原料，分别选用不同的调味料和加热的时间。

关于牛杂的加工，夫妻肺片曾风靡大街小巷，无人不晓。喜欢吃的人非常多，它属于牛杂类，高档筵宴很少选用。

近几年，东官大酒店，首先把牛头引用到婚宴上，受到大家的喜爱。特点是新奇大气，大家也适应其味道，火候恰到好处。在城东区域内，骨多肉少的牛头经他们处理后，成为一道头菜、大菜、名菜。

苏派厨师加工牛头用于卤和煮后拆肉。牛肚用于冷菜或涮火锅之外，较厚的毛肚借鉴了广东卤水煮。这些品种入席，深得南京人的喜欢。

牛五花又称去骨牛肋肉，这要分成两块加工：一是牛肋骨。牛肋骨前三根骨带肉斩断，用于红烧，原汁原味，红红亮亮，上席一人一块，入口酥烂，不觉干硬，尤其是筋络部分，烧得很烂，这道菜，南京我尝过最好的是中山陵八号。二是去骨的牛肋肉（又称牛腩）。农家多将它用于砂锅炖白菜粉条，冬季加一勺辣椒酱，满屋飘香，或红烧、干切等。在徐州一些农贸市场上，把煮过的牛蹄、牛脸和牛腩白水煮至七八成熟，然后摊在那，任人选择。煮后拆去骨，用于红扒、红煨、清炖等法，煮后去掉骨头的牛掌，也是厨师加工赛熊掌的首选。

牛大腿骨内骨髓是富含营养的脂肪，中餐加工是先出水后，敲成大块，放汤桶煮六小时，上浮一层油脂即骨髓融化，调味后，用于做牛肉面的汤，味极佳。西餐将牛腿骨敲成块，入烤箱烤至焦香，再加香料和水煮透，取汁烹调，别有香味。也有见西餐把牛大腿骨敲成块，入烤箱烤几个小时，然后将骨头研磨成细粉，还是一种香料呢，即街上烧烤摊上飘出浓浓香气的就是牛骨粉的味道。

我国关于以牛为主料烹饪的名菜各地都有。江苏有干切牛肉、五香牛肉等。盐城有牛肉团子一菜，即牛肉绞碎，加猪肥膘，调味，加水上劲，手挤成二三两一只的肉圆油炸至金黄后，砂锅加牛汤炖三刻钟上席，汤鲜团子酥，冬天配点霜后的青菜，甜中带鲜。

在江北六合住久了，学了一个菜：牛肉饼。尝过它，嫩如鱼腐，技巧在牛肉去筋，多绞几次，加口碱，使蛋白质纤维结构破裂吸收水分，达到鲜嫩的效果，多加猪肥膘蓉，增加肥腴的口感，多加鸡蛋清，油炸遇热起泡膨胀，与高汤笋尖同烩，老幼皆喜。

六合还有特产"六合牛脯"，是冬季节日馈赠名肴，其实和我在镇江吃过的肴肉差不多，区别在于红卤与白卤、牛与猪的选料上。它近似于镇江肴肉的口感，入口即化的感觉。六合牛脯是以皮冻连接粘连，琥珀色，老卤煮透，曾经是贡品。

我家小区内，近邻有一位八十多岁的金姓老奶奶，祖辈专做牛脯很有名，她家里房子院落被称为是六合的大宅门。她曾经被南京金陵、玄武两个饭店请去表演过加工牛头技艺，人很好，有问必答，会做很多牛肉菜。她做六合的牛头很有功夫，一盘冷菜舌、眼、耳、脸俱全，味各不相同，很有特色。

记得在初中时，语文课本中有一篇古文名《庖丁解牛》。读后理解，课文就是介绍一名技术精湛的屠夫，杀牛久了掌握了规律，用一把刀很轻松地把一头牛分解出来，其中有一句话，游刃有余，后来成了一个成语。

从事餐饮工作之后，再读此文，理解的意思就多了。

2018.12.5 23:26 于横梁

感动水牛——诗牛

牛，是动物，也是人类农田劳动的"工具"之一，它既是农耕时不可或缺的大型牲口，又是中外烹饪中的重要食材。

牛作为"六畜"之一，在农耕时代是耕犁、运输的重要力量，历代诗人留下了许多歌颂牛的诗篇。

感动水牛系列组文，前三篇分别是尊牛、爱牛和解牛。写了两个方面：

一是牛与人类的活动；二是烹饪以牛类食材的常识。今天写的是最后一个部分：诗牛。

说到诗牛，定有人捧腹大笑了，实际上是指诗歌中的牛。

以牛入诗，可在三个方面得以体现： 首先是牛的憨厚和勤劳的精神，牛与人类一起促进生产力的发展，牛，让人类缓解了劳动强度，牛是人类得力的助手；其次是牛的品德，吃的是草，干的是重要的苦活，用默默无闻、勤勤恳恳等成语来赞美牛，一点也不过分；最后就是牛是现代人幸福生活画面的重要道具。美丽的山水，有了耕牛的参与，诗情画意就出来了，反映农业春耕秋种的场面。

见到了牛，感觉甜蜜的生活就在身边。牛在大树下，让人有亲切感。牛在细雨中，让人想起吃苦是福。牛在夕阳中，牛的背影与落日的余晖是中国农村最美的画卷。牛在水中戏水，让人想起快乐的每一天。

牛是田园牧歌中不可或缺的主角。法国的布封说："牛体现农业的全部力量，它是国家富足的基础。""一牛可代七人力"，在农耕时代，牛是农业生产的重要役畜，它勤劳，"朝耕及露下，暮耕连月出。"

牛，在几千年历史长河中该是活化石之一。 牛，曾经是生产力一部分，为人类的文明和发展，可谓鞠躬尽瘁死而后已。

牛，奉献很多，索求极少，受人喜爱，它不骄不傲。它以坚定的步伐，一步一步向前，走在田埂上，行在水田里，慢慢消失在苍茫的大地上。它的背影永远不会消失在热爱正能量的人们的心中。

　　牛不欺老幼。从袁枚的《骑牛》诗中可以清晰地读到："鞭之不前行徐徐"，这是牛驮着七十老翁袁枚行走时的情景。牛被行动迟缓的老人骑时"行徐徐"，通人性，性情温顺地等待耄耋之年的老人扶靠、跨上、慢行，让人骑牛背稳如舟。

　　咏牛诗通过描绘和赞美牛的美好形象，歌颂了它勤劳、奋斗和奉献精神，多读读咏牛诗可使人的心灵和感情得以升华。

　　明代诗人李东阳的《北原牧唱》中写道："北原草青牛正肥，牧儿唱歌牛载归。儿家在原牛在坂，歌声渐低人更远……"描绘出一派令人向往的田园牧歌景象。

　　宋代孔平仲的《禾熟》通过一个秋收场景，刻画了牛只知耕作、从不索取、随遇而安、悠然自得的形象。其诗中写道："百里西风禾黍香，鸣泉落窦谷登场。老牛粗了耕耘债，啮草坡头卧夕阳。"

　　注：本文结尾部分，有些转录于百度，不敢贪功。

2018.12.6　22:52 于横梁

荷香四溢

　　晚上见友人晓波画的水墨画荷花的画稿，有点激动，浮想联翩和夜不能寐这两个成语正好能表达我的此时此刻内心活动。

晓波是我多年的好朋友，他曾为我私人订制过两次珍品并裱好送来，也没喝一口水、一杯酒，过意不去，我始终记在心里。

谈绘画我不懂，更不会赏画，但喜欢收集，留作一份纪念，留下一个故事。画在我处绝不转手，因为要记住朋友的一份情谊。

南艺著名画家猴王徐培晨教授的弟子连善，是中国梅花形象大使，他的画作为官礼赠送于宝岛，在画界中是一个让人羡慕的故事，凭一技之笔画了不少经典。他赠送给我的荷，泼墨荷叶上的水珠，在墨中加了秘方，有很强的立体感。

画所有权属于我，他有展览权，即他办画展要取去展一下送回，表现那个时期创作的风格。

晓波性格温和，这几年画荷吃了不少苦，写生、采风四季在荷塘边观察。因作品的荷韵风采，很多人成了他的崇拜者。他低调不接受宣传和表扬，这几天见他画了不少新作，我看后想在朋友圈中夸他几句，他不让。

我想借画的荷说说荷与馔的故事。

莲与荷，通常指一种水生植物，细究起来，还有讲究呢。

莲，水下面无藕。荷，即托着观音到处救苦救难的花，叫荷花。荷，又泛指荷叶、荷花的代称。

荷与蟹在一起是和谐之意，在客厅的屏风上，有荷的图案，又代表和满堂的意思。

中国人有喜欢荷的情感，从文化上讲，诗经有"荷叶莲田田"之诗意，从古文上北宋理学家周敦颐有《爱莲说》名篇。从百姓实惠上来讲，荷叶有清香，荷有果实莲籽与藕，从净化水上来讲，又是环保植物。

从厨房来讲，荷的衍生产品，如荷叶、莲蓬、莲藕，它们又是加工美食的食材和辅材。

先讲荷叶，江苏常熟名菜叫花鸡，杭州也有叫花鸡。胡长龄大师在世时，据理力争，叫花鸡是江苏名菜，后来考虑两省的关系，发源地的事不了了之了。杭州换了个名字，从训诂学的依据细分析，用荷叶包鸡裹泥烤熟的鸡，源头必在常熟。

香港有一位懂写、懂画、懂书、懂烹饪的美食家蔡澜多次讲，烹饪讲究简单。鲜鱼斩块拌调料放几张鲜荷叶包上蒸熟为荷叶鱼。南京有荷叶鸡，实是白斩鸡，煮时上覆盖荷叶，取其清香。其实荷叶是碱性有苦味，将其烫后裁方，用其包东坡肉一人一份，夏季上席，青绿，入口能不香吗？

藕入馔不稀奇，切丝、片、条、丁、刨、斩蓉、切夹刀片等，举一反三可做若干美肴。今只讲两味：之一是杭州厨师煮老藕加碱（易酥烂）、冰糖，出锅加红糖，上桌刷蜂蜜，那红中透亮带有原始的红糖香气，妇女小孩哪能不喜欢？还有金陵饭店管理公司在浦口鼎业五星酒店，一次接待当时的市委领导，其中就有一道煎烧藕饼，那次厨师可用功了，记得是张仁君大师设计的，还上了一道青莲籽入席。几年过去了，菜一直流传下来。还有莲籽入菜，这食材湖南厨师擅长制作，称为湘莲，做法强于江苏，咱不班门弄斧了。

荷，是花、是诗、是画、是信仰，人人心中都有美丽的莲荷情结。

荷，这个题材不好写，古有"接天莲叶无穷碧，映日荷花别样红"之美，有"小荷才露尖尖角"之朝气，有"留得残荷听雨声"之沧桑，还有朱自清的《荷塘月色》那样很美又意味深长、欲说又止的含蓄。

咱是厨房中看锅的角色，就是敬佩原丁山宾馆徐鹤峰大师设计的著名冷拼"荷塘蛙鸣"，至今不忘那满盘生辉的印象，黄瓜头"切"出的青蛙，动感十足，人见人惊。它早已成为江苏名菜中非常响亮的品牌。

荷香千年余韵永存，荷馔美食佳味飘香。

荷，读不完的芳香，叙不尽的故事……

2017.8.18 0:48 于龙口

聊《初食淮白鱼》

本人才疏学浅，对历史、对诗及诗人没有太多研究，仅对食物由生到熟的技法和原理感兴趣，常提醒自己别走神。据有关史书介绍，诗人杨万里是南宋时期四大诗人之一，与陆游齐名。

表面上看诗的内容，似乎就是讲烹鱼技巧。其实有其他内涵，那不是咱研究的事。咱下面就聊聊白鱼。

在看到这首诗之前，我不知道市场上白鱼的幼苗是什么样子。小时候在老家里的池塘洗澡，有时自带一个淘米箩，到水中，把米箩沉到水下，见一群小的翘嘴白条（又称薄条，一两四五条），见它们游到米箩之上，迅速提起米箩，水漏尽，箩就会有三五条小的白条活蹦乱跳，离水一分钟左右，立马死翘翘了。听小朋友们讲，这鱼长不大，始终在水面上，遇到钓鱼者，极易上钩。因小，钓鱼人常常从钓上拿下来，气愤地将它摔到地上，嫌它浪费时间、浪费蚯蚓。现在知道，那就是白鱼的幼苗。

那时暑期下水解暑，不为抓鱼，有人用洗脸毛巾替代米箩也能抓到它，毛巾太窄捉的难度大。家里有猫，就把小白条带回，放铁火叉上，在炉膛内烤熟，猫的鼻子尖（诱觉灵敏），早就在灶台后等着烤鱼。

查资料才知，白鱼在我国共有十六个品种，大的可长到二十斤，鱼肉鲜嫩，富含营养，是水产鱼类中的滋补品。《本草纲目》有据，男食壮阳，女美容，若女士知道吃白鱼不胖、美容、味也好，何必去买高价的面膜呢？

传统烹饪中关于白鱼的吃法有：烟熏、糟（酒糟加酒过滤而得，有去腥增香功能），还有清蒸、腊冬腌制风干，大小皆可，春节加咸五花肉蒸食。老南京人喜欢买大白鱼，一条三四斤，将它洗净去鳃及内黑膜、内脏，用半截筷子撑开挂高处（防猫、通风、有阳光）沥水，晚上切段、用盐腌，三天左右，取出晾干红烧更好。蒜瓣肉，我爱人喜欢腌后烧，她认为除好吃之外，还有一种久违的亲切感。

苏北涟水有位朋友名叫李强，他在南京腌白鱼批发出售，是一品牌，全是取自大湖中清水长的白鱼，鱼鳞泛着油亮，眼睛无红斑，现杀现洗不摔，鱼肉未碰伤，腌后蒸熟肉洁白，其味堪比宁波腌黄鱼。

我在西苑宾馆听一白鱼食法。白鱼肉细嫩，油煎易破皮，在鱼身上抹酱油或抹黄酒拍面粉，六成油温炸上色，再红烧，味香鲜，肥腹在鱼皮，肥润在鱼腹部的鱼脂，回锅后的白鱼更入味更鲜。淡水鱼类，仅白鱼回锅不腥且出味。

南方人清蒸新鲜白鱼，加鲜笋、放几个河虾，好看出鲜。上海人、苏州人红烧它喜欢加蒜头与白糖。台湾人喜欢把蒸、烧的白鱼肉吃过之后，原头、尾、骨、卤加水回锅烧炖，捞出骨头，原汤倒在煮过的面条碗中，撒上小葱花，有鱼鲜和姜香。

白鱼在厨师考级中，有人把白鱼背上的肉刮下来，水泡去血水，斩蓉制缔子，掺少许猪油，可煎鱼饼、氽鱼丸、灌汤鱼丸，也可用裱花嘴挤成线或花形，水浸成熟，现在有人挤入模具中，呈鱼、葫芦、龙等形，近年有人挤成菊花形，在省大赛获金奖，离不开白鱼肉白细嫩鲜的特点。

谈到大赛，中烹协全国第二届烹饪大赛，华北饭店罗玉桂大师，据传参加大赛。他选用大白鱼，从杭州带到北京，以五十余斤白鱼，取鱼最嫩部位鱼柳无骨无刺无红，斩蓉制成的竹荪鱼圆汤，获金奖。杭州西湖的白鱼功不可没。

做任何食材，要认真去研究原理，扬长避短，白鱼靠选料和技艺获大奖。诗人杨万里在《初食淮白鱼》一诗中，第一句就讲"淮白须将淮水煮"。这是中国第一人以文字形式，记录水与鱼的烹调秘法，至今仍然有异曲同工的意义。浙江千岛湖鱼头，天下闻名，烹其鱼头，必取其水，这就是借鉴。

中国历史文化与烹饪文化，当是一脉相承。从科学人类发展史来看，人的生存，先有了饱腹之后才有激情跳舞、劳动，创造文明。因饮食发展的需要，人类发明了刀耕火种，后来人类用火烧土制造了陶类炊食具，最后发展创造了至高无上的青铜宝鼎，象征着王权，这个源头，仅仅是一个异形大锅内煮着的食物而已。

现在常看到摇头晃脑的人，自以为才高八斗，鄙视厨界，忽视烹饪也是一项含有历史文化的产业。

感谢诗人杨万里，为中华民族的平常食材留下一首代表性诗作，让厨界觉得，什么组织架构、什么宏观微观，什么等级程序，全是在吃饱后衍生出来的理念，有食物才有文化的传承，有食材，才有人类生命的延续。

2015.12.12 23:05 于六合庐圃

聊聊厨刀

有人简单地以为，超市货架上的菜刀就是厨刀。厨刀有家用、专业用之分。也可以说同样是切菜，其实有很多差异。厨刀，是烹调师们的专业工具，是展示厨艺的必备工具。

中国有"烹饪王国"之称，这可与厨刀有着密切关系。人类的生存也离不开厨刀。报考古挖掘的实物证明，古称石刀，有着非常悠久的历史，也是中华灿烂文明的象征，后改称菜刀、厨刀。

古时先民一贯择水而居，有水便于人们生活，有水的地区物产丰富，有水的区域经济发展更快，有水的地方是兵家必争之地，水能推动烹饪技术的传播和发展。

中国菜系的划分是以充沛的水源区域划分的，中国菜系历史上分为四大菜系：长江上游云、贵、川等地统称川菜；长江中下游流域苏、浙、皖等地统称淮扬菜，现因淮河改道，政治、经济中心迁移，改称苏菜；黄河流域鲁、豫、陕等地统称鲁菜；珠江流域，粤、闽、赣等地统称为粤菜。

四大菜系，烹调所用菜刀也不尽相同。据我早年观察，鲁菜用刀偏重，也分大、中、小型号，菜刀特点：木柄、刀背宽，刀膛厚，刀前角为直角方形，刀后跟为圆弧形，有前切后斩刀背敲之用途。我认为北方加工动物性原料居多，故刀型大、厚重、耐砍剁，每把菜刀都有出厂年份标记。苏菜厨刀多由扬州出品，因江苏菜炒菜居多，菜肴精细，加工水产鱼虾较多，刀重量相对轻一些，刀膛也薄，刀口锋利，刀尖呈圆弧形，刀后尖为直角形状，前可片后可斩。改革开放后，厨刀出现铁柄较多，大多是长方形，刀膛较薄，重量轻（川、粤刀具各有特点，此处不细述）。近年菜刀市场丰富，各取所需，有的选德国刀具使用，但加工使用仍不尽人意，国外烹饪切割与中餐要求有天壤之别。

不同工种选用不同的厨刀。中餐厨房分四大块：炉、案、碟、点。

炉，即炒、爆、熘、炸、烧等，主要是调味成熟，用刀不多。每日用小料：葱花、葱段、葱丝、姜丝、姜片、姜米、蒜花、蒜蓉、蒜片等，一般由打荷准备，对厨刀要求不多。

案，即切配菜，用刀有讲究，拉肉丝、批鱼片、剞腰花、片干丝等要求刀薄、刀轻、刀前要快（意锋利）；斩排骨、斩家禽、斩鱼脊骨，刀跟要厚，钢火要好；剁猪爪、劈鱼头、劈猪头、牛腿骨（熬汤）需用大砍刀；斩肉馅、鱼茸、虾缔、葱椒盐等要求厨刀不能有铁锈，否则菜肴有铁锈味，影响色泽，双刀要求刀口平齐无缺口，不宜过大过重。

碟，即加工冷菜熟食间，基本要求是要备生、熟刀，生刀即刮洗猪、牛肚、剖腹去家禽内脏，改切猪精肉（拆烧）、牛腿肉（酱牛肉）、改鱼块（熏鱼）等，加工半成品用刀为生刀。切黄瓜（凉拌）、切熟食（白切鸡、夫妻肺片、盐水鹅、糯米藕）等，均用无锈无缺口、烫煮或消毒后的称为熟刀，至于切咸、甜、熟（牛肉）、生（西红柿、生菜、生鱼片等）也不能混用，防止串味或污染其他冷菜。对用刀特讲究，最基本要求是，长方形厨刀刀口呈一线，便于切拼。另外还要备活银杏树砍下制成的平面刀砧板，切斩不伤刀，色不暗，耐切，梅雨季不易霉也无异味，塑料刀西餐用得多，易滑，切不了精品。

点。即面点主食加工间，用厨刀切葱花、剁肉馅、蔬菜馅，切花卷、切手擀面等，选常用菜刀即可。

行刀之法：通常说"切菜"二字，大改小而已，其实很有讲究，专业术语有直刀法（如切黄瓜片）、平刀法（如片豆干丝）、斜刀法（如批酸菜鱼片，又称正斜批，刀口相外推，如批蒜薹，又称反斜批）、夹刀法（如藕夹、鱼夹豆腐夹，香港称麒麟法）、滚刀法（如切莴笋、胡萝卜块）以及其他刀法（刮、剔、削、拍、剜、划、旋等多种）。

常见花刀法，行话称"剞"，又称刀工美化。剞分两种表现方法，立体感强的花刀处理的原料有乌鱼花、腰花、肚花、松鼠鱼花、菊花鱼、玉米鱼、葡萄鱼等；平面感强的刀纹，通常用于清蒸全鱼上，有兰花、人字形、牡丹、夹刀等方法。也有在五花猪肉皮上切转的螺丝刀纹、棋盘刀纹等。用于略小形状的花刀，如锯齿花刀、扇形花刀、工字、S花刀等，粤菜中有小料花刀用于炒、爆、蒸菜，如蝴蝶、玉兔、小鸟等造型，大多用胡萝卜（粤菜称甘笋）、芥蓝、生姜为食材。

刀工处理后的形状，常用的有丝、片、条、丁、方、块、段、球、泥、粒、蓉、末等多种形状。一桌盛宴，无论在冷菜、热菜、点心、主食上，还是在成品形态上都有要求，以烹饪美学的审美要求不主张有相同或相近的形状重复上席，更不能先后依次上桌，以错开上桌为佳。

刀工的考核，不同级别有不同的考核标准。无论冷菜、热菜部分，刀工占应会内容25%左右，如冷菜花式工艺拼盘就比一般的什锦拼盘起点分上要高，同样热菜上火夹鳜鱼就不如松鼠鳜鱼刀功难度大，同样达到菜品要求，后者得分高。

庄子著的《庖丁解牛》，以记述的方法，描写一名叫丁的厨师为梁惠王解（宰）牛及其对话，其中关于"刀"的使用，如今大家常用的成语"游刃有余"就出自这个故事中。可见用刀不仅仅用于切割和使用，还有很多艺术、技巧、规律可循。现将译文摘录部分："沿着骨节间的空穴使刀，都是依顺着牛体本来的结构。宰牛的刀从来没有碰过经络相连的骨骼（紧附在骨头上的肌肉和肌肉聚结的地方），更何况股部的大骨呢？技术高超的厨工每年换一把刀，是因为他们用刀子去割肉。技术一般的厨工每月换一把刀，是因为他们用刀子去砍骨头。现在臣下的这把刀已用了十九年了，宰牛数千头，而刀口却像刚从磨刀石上磨出来的一样。牛身上的骨节是有空隙的，可是刀刃却并不厚，用这样薄的刀刃刺入有空隙的骨节，那么在运转刀刃时一定宽绰而有余地了。"

还有关于厨刀的磨刀方法，新、旧厨刀的磨刀和用粗石、细砖也有区别。刀的保管最佳方法是：天天磨，天天用，擦净水分，该批的不用剁刀，该剁的不用切刀。过去常听有厨师一句话："夹一把菜刀，到哪不会挣口饭吃。"说明厨师自备菜刀。如今，厨师若遇到不懂厨刀的采购，买回新刀不适用，一个月不开口（行话，不快）怎能做好"如花似玉"的珍馐来呢？

工欲善其事，必先利其器，厨刀是厨者吃饭的家伙，你善待一把刀，了解每一把刀的用途，它会为你争光，没有合用的刀，纵有屠龙之技，也很难使品质出彩。厨刀无言，厨刀用者要有情。我每次外出必备一把刀，磨好擦净水、晾干，用白毛巾包好，跟随我二十余年，如要动手做菜，有它我就有信心。2004年去北京八一大楼驻华武官招待会帮忙，回来在北京乘飞机被没收（一把刀，图省事，没托运），至今后悔，写此文，也是对厨刀的纪念。

2012.2.10 0点于六合书房

美食不如美器析

今天去龙口，女儿讲，飞机晚点两次，机场人多如蝗虫，水泄不通。

闲坐在此，出去转转。刚走不远处，忽见不远处有一明亮之地，门脸敞口处有南京高淳的特产……精彩瓷器摆在那里，美轮美奂，爱不释手，以笑脸换得允许拍照的特例，以笨拙之技，选取了几组配套餐具。

本文题目为《美食不如美器》，美食不如美器那是老话、旧话、古话，旧时文人重文贬厨，他们读了孟子的理论那么多，没读懂，似懂非懂地记得一句话，"君子远庖厨"。

咱不去论君子远庖厨的本意，也不去打这句话与"礼"的深透表述是有联系的官司，只以此佐证，中国封建士大夫们骨子里是瞧不起每天侍奉客人为父母的厨界人员的。江宁知县、文人代表袁枚就在《随园食单》上明写"厨者，皆小人下才"的结论，是今天社会上认可的，也是实践证明的事实。烹饪属于文化范畴，中国国粹之一。

不言而喻，美食不如美器的炮制，是有历史原因的。

任何事实存在的理论，必有它的合理性。美食不如美器，与旧时的平民经济生活有关。从考古资料来看，民间的餐具是粗糙的，百姓哪能见到宫廷的官窑呢？偶尔赴个乡宴，见到一色水的餐具也就大开眼界了。再说，旧时的食材，因交通、保鲜条件限制，烹饪选料远不及今天的分档取料等如此丰富。有时遇冬枯季货源，厨师们烹饪的炒菜、大菜、甜品离不开一个节俭，连骨一起做，离不开原汁原味，食材全身全尾，菜品固然不精了，有时候是一席菜"肉打滚"。一只鸡，翅、爪、颈、血做汤，脯做冷碟，腿与脊背加辅材烩烧，内脏肝、肫炒鸡杂，这样的拼凑经有精品出来吗？

偶尔乡野菜品经规范餐具盛放，当然会有眼前一亮之感，因此，美食不如美器的观念成立，也不是毫无道理的吧。

器，指的内容很广泛，在美食不如美器的这句名言中，我的理解是：就是与吃饭宴请活动的相关的各类功能性餐具，通常以盛放冷热菜点汤等需要而使用的餐具。餐具品种很多，有金、银、瓷、玉、漆、石、木、竹等材质制成。餐具是一种礼器，礼器必用在重要的场合。因此，在准备重大祭祀活动时，在前期准备工作中，应该先想到餐具，然后再考虑到食材。

器，既是实用器，又是工艺器，通常敬神的活动，为表诚意，在器的制作和选择上非常考究，同时也代表祭祀主人的身份和社会地位。

现代社会是多元化的发展，美器与美食谁重要，现在恐怕计较的人不多了，科学地讲，美器与美食相互依存，都很重要。

今天所见餐具，高端大气上档次，如果选择这样的餐具，当然会加分，任何事不是绝对，用这种华丽餐具盛装红烧小杂鱼，从美学原理上讲，不和谐，远不及用农家粗瓷大碗大碟盛装，那样朴实丰富。

餐具是厨师手中的工具，如何搭配合理和谐，搭配成艺术杰作，有着锦上添花的效果，全凭大厨的实力。

2015.7.15 15:38 于南京

名人与名馔的故事

前几天，在江苏教育台看到由无锡电视台拍摄的三集系列专题片，介绍元代画家倪瓒起伏的人生故事。印象深刻的是，他为了追求画法、画面境界，隐居太湖，观大自然的自然之美，天趣之美，最后成了一代大家。

同样前几天，从媒体上看到，无锡市有关单位，仿制《随园食单》的《羽族单》中记录的云林鹅，作为无锡地方文化遗产来申报，此菜源自640余年前无锡元代画家倪瓒，正是由他创造。

我是个好奇的人，二十多年前读过扬州大学教授聂凤乔写的《鹅谭》和邱庞同教授介绍《云林鹅》的故事，见到关于鹅的菜，我格外关注。我不写书法，如果有练，可能又会说到骆宾王的曲项向天歌了。

见到近期关于倪瓒出镜率高，于是联系无锡新近特火的名厨季大师，请教无锡如何仿制、复制云林鹅的事，得到答复是，倪家第21世后代传人就是他们店里的厨师长。现在云林鹅受到热捧，与画界的倪瓒的追随门徒众多有关联。他们为了远离浮躁的现实，希望离家学倪瓒，到清静之地，去创作真正的艺术作品。

还有现实饮食方面原因。无锡有梁溪脆鳝、太湖银鱼、太湖莼菜、排骨、汤圆、炝虾、大馄饨等，近年来消费潜力不多了，已经到了审美疲劳期和销售瓶颈期，现在推出百岁鹅、云林鹅全是文化搭台，历史元素支撑，商品交流才是真。因此，也就是借势造势而已。

云林鹅的盛名，源自画家倪瓒，他是无锡大户之家，祖上世代高官，倪瓒受家族文化熏染，一生追求文化艺术，写过一本名菜单《云林堂饮食制度集》。菜单的书中就有一款蒸鹅制法，后经清代才子袁枚收录在《随园食单》中，从而引起食界老餮们重视而声名鹊起。我查了多个版本传说，以袁枚介绍的最细，文字表述到位，内行一见就懂也容易理解。

如鹅先腌制易懂，"一碗水，一碗酒蒸鹅"，有人不理解，其实就是二者合之倒入锅中，水与酒一起受热，产生蒸汽，有成熟、去异味添香之功。

另外形容火力是"缓缓"的，"棉纸封口、躁裂用水湿润"等，这是烹饪蒸制食材，保持恒温的方法，又能节约柴禾。二十多年前的电影《饮食男女》

的开头，饭店大厨在家烹饪食物时，有用一张白棉纸封坛口蒸禽类食材的镜头，从烹饪原理上讲，有真味未外泄，鲜气未流失，保温不进蒸汽水，原汁清汤醇厚的特点。

我看了无锡的宣传和有关人员的介绍，觉得离云林鹅的制法太远，字意理解不透，更没有研究出此菜的历史背景。原菜单出品是肉烂如泥，现在人肯定不接受、不理解，因此，简单地凭直觉模仿，离原菜出品还很远。

多年前，有人模仿红楼菜，均以失败而告终。因为研究的目的要明确，其次是研究推出一个菜，不能断章取义地想当然，不能脱离历史因素。如果不去分析它受欢迎的原理，成名的因素不懂，假如当作恢复的招牌，制作出似是而非的盐水鹅、咸鹅脯来，那就是糟蹋了名菜的美好形象，而且仿制者没有获得很好的效果，可能在历史的饮食长河中留下了笑柄。

复制演绎历史文化名馔，江苏烹饪前辈薛文龙大师仿制的随园菜有：酱炒甲鱼、鸡粥、白玉虾圆、锅烧肉等。薛文龙大师仿制的菜品是成功的，选用的现代材料，传统的制作工艺，力求再现菜谱描述的特点，达到基本符合历史味道，又不失现代人对餐饮的美的需求，社会效果反映很好。

本文题目原来准备用"闲话云林鹅"比较贴切，后来改为"名人与名馔"，意思是借此抛砖引玉。想问一个问题，名菜的成名有若干种偶然因素，但偶然中必有必然，无论宫廷窝窝头、四大抓炒和现代的叫花鸡、松鼠鳜鱼等，细分析，都与名人、名厨、名店有关，真正是厨房端出的东西，得到名人们在特定的历史环境里，可能得到他们舌尖的认可。再由文化人，附上绘声绘色（食）的故事，而传播开来，其过程和逻辑有时是莫名其妙的，制作人是厨师，成名靠名人，名菜由厨师默默无闻地创建，名人吃了名菜，赞与不赞名气由名人获得。这是一个可悲的现象，为什么呢？或许与名人的社会地位高，追随的认可的群众多有关，若遇名厨交流愉快，那被他们尝过的菜自然会夸赞几句，有好事者一传二，二传三地扩展开来，起到现在明星代言的作用，自然是名人与名厨相得益彰。当然前提是名厨的功底过硬，只要做的菜好吃，能满足大多数人的口感，盛名自然也会远扬。

2015.2.7　23:08　于六合

食鸡夜话

现在流行蹭点热度（热门话题），刷个存在感，老话讲，就是借光的意思。

咱也是吃五谷杂粮，不能免俗。今晚就鸡年来临之际，以鸡为题，来写一篇《食鸡夜话》。

明代画家唐寅，擅画鸡，还喜题画诗，这就有一首挺有幽默的诗：头上红冠不用裁，满身雪白走将来。平生不敢轻言语，一叫千门万户开。他把鸡写的形象、生动、传神，有趣。

鸡年，在十二生肖之中，是吉祥的意思。百姓喜欢鸡，觉得它有亲切感，鸡吃的不多作用不小，公鸡报晓，母鸡下蛋，不劳神，不乱跑……

中午串门到邻居家，见养有四只母鸡和一只公鸡，逢盛世，鸡犬也沾光，因不缺吃，都长得精神，头是昂扬的。

我说，这里地方大养几只鸡，每天取蛋有乐趣。邻居老婆讲，头二十年都不养鸡了，脏。邻居老头接话茬说，不为鸡蛋，老两口快七十了，孙子在英国读书，儿子、儿媳妇在北京，我们守着这幢房子，坐着打瞌睡，没事围着鸡窝转转，喂鸡加水，有时见鸡打架喊几句，人也有精神，来气时用棍子对着鸡舞几下，你看，鸡成了老人伴了。在这养鸡不为生蛋，为的是打发时间，给生活增添点乐趣。

前一段时间见河南唐县书画家朋友画的现代抽象百鸡图，只只精神，姿态无一相同，堪称杰作。我这半吊子不懂画，也敢评点：您画的鸡参赛可获奖，但老百姓不一定接受，看画，鸡的各个部位找不准。意在调侃，逗朋友一乐，昨天见在6400人中他获沙孟海奖了。我窃喜，过年后就讨鸡（画）去。你看，给人提意见添堵，还这样理直气壮地要礼物，哎，就是以鸡为由头了。

近两天见北京一书画家田先生，也画鸡放在微信朋友圈中，人不太熟，见鸡画，我不敢胡讲，但见鸡一边有题款，引起我的兴趣，现转摘于下。

《韩诗外传》文曰："鸡有五德：首戴冠者，文也；足搏者，武也；敌在前敢斗者，勇也；见食相呼者，仁也；守夜不失者，信也。"

言归正传，食鸡，可以写三万字还不重复。晚上动笔前，查了几本书。

就南京而言，清《随园食单》在羽族篇一栏，仅鸡肴就介绍了三十一道。在胡长龄大师的《金陵真肴经》一书中，介绍鸡肴有十四道，比鸭馔还多。

江苏淮安，是淮扬菜之乡，烹制水产和禽类非常擅长。多年前，江苏《美食》介绍过吴明千大师，他可一鸡十吃（指一只鸡加辅料，分档做十道菜），创全国餐饮业食鸡技艺之先。

江苏鸡肴名菜很多，如南京荷花白嫩鸡、桶子鸡、贵妃鸡、鸡粥等；扬州的三套鸭中就有出骨鸡；苏州的早红橘络鸡、雪花鸡、油淋鸡等；徐州名菜霸王别姬（鸡），成了与地球共存的名菜了。

全国有名的国字号三大名鸡（卤菜）：道口烧鸡、德州扒鸡、符离集烧鸡。四川的棒棒鸡、口水鸡等具有山城口味的特色。

我们常见的还有：四川的宫保鸡、湖南的东安鸡、江西的三杯鸡、广东的盐焗鸡、豉油鸡等。老广州有十大名店，十大名鸡，每店一只"看家鸡"。当然，广东制鸡，在选料、调味、加工和用心加工上来讲，其他省市远赶不上。

鸡在厨师手下，是不可或缺的食材。没有鸡的参与，很多山珍海味就没法下手。如海味名品：刺参、鱼皮、瑶柱、鱼肚等，没有公鸡、母鸡吊的汤，这类食材，就不好吃了。无任何新鲜之长的食材，全凭鸡族（汤）来扶持。

作为南京普通家庭，食鸡是平常的事。春季吃旺鸡蛋、活珠子。初夏男性吃蒸小公鸡，女性吃蒸小母鸡。夏天有炸烹鸡、炸仔鸡、荷叶鸡、云南风味汽锅鸡、毛豆米炒仔鸡、仔鸡烧粉丝等。秋冬天有板栗烧鸡、肚包鸡、人参枸杞鸡、天麻炖鸡等，现在又流行烧鸡公口味的麻辣鸡等。有的把鸡分档分类烹调就更多了，就新街口地下通道里的店铺，鸡头、鸡脑、鸡冠、鸡爪、鸡翅膀、翅尖，鸡腿、鸡脯、鸡腰等全是入馔的材料，入口的佳味。

说到味，一只鸡可调百味。说一只鸡，一人不够吃，有人信。你说现在有人一周没吃鸡，可能没人信了，这不是吃不起，可能是没吃得过来吧。

2017.1.10 23:06 于横梁

食器

淘餐具已经成为我的一个习惯了。下午又去淘过期的餐具，二十五年前，均是高档宾馆、酒楼不可少的，也是普通酒店不可多得的盛器。

古有美食不如美器之说。一桌盛宴，必须有与时俱进的餐具，与菜点规格相适应。

家宴餐具，是主人经济状况和文化品味的体现。孔府史料记载：乾隆皇帝嫁女儿，陪嫁品中就有一套银饰餐具。

在早期的《中国烹饪》杂志上，常见到名人介绍当年北京的筵席特点，梅兰芳秘书许姬传常写这方面文章。

砂锅居，是百姓的饭店，所用餐具可想而知。

改革开放之后，北京旅游部门开了仿膳饭庄，清朝末代皇帝溥仪题字，做出的菜点，仿照清朝宫廷御膳，让溥仪品尝指点。所用餐具全部是仿清款式。

我常在南京淘餐具。淘到金陵饭店开业用的仿明青花盖盅和印有金陵饭店字样的咖啡杯子，觉得挺有意义的。

有一次陈锦华大师请吃饭，见到绿边线白瓷园平碟子，多喝二杯酒，厚着脸在席上提出来，要个碟子。第二天陈大师亲自送来，现在想起，还欠他一份情呢。

今天淘了个白色大圆盘，以前用它摆花式冷盘，当时没钱买，太贵，近百元，要两个月工资，每次参加考级四处托人借，为了弥补过去买不起的遗憾，我一共收藏了四个。

前两年，我听说改革开放后的景德镇青莲花纹餐具，是柴窑在700℃高温中烧成，正品不多，买了三只，十六寸的圆盘。分别送给陈东、于丙辰各一个，他们不以为然，两年过后，南京市场一个没有了。可靠消息称，全被人收走了，我想二十年后，他们就会觉得是宝了。

我退出餐饮业多年，身边的助手、同行朋友们始终关心我，我在适当的时候，给他们分享一点经验。

现在经常去淘点餐具回来，让有着时代特征的餐具有个归宿。在我心中，对各类餐具仍是有感情的，它们同样陪伴着我们前行，为厨界增了光，让同行获得了名利，我想不该忘记餐具的一份功劳。

餐具在厨师眼中，如画家眼中的一张宣纸。一个大白盘子，任你用七色食材设计，传统的、创新的、大气的、秀美的，任由你发挥。我有时，会在面对餐具时，在心中设计盛装什么菜，如何调色、如何不俗……

这也是我恋旧念旧，不忘餐具的一个情结吧……

这就是我"乐淘不疲"的真实原因。

2015.10.10 22:55 于江宁

"柿柿"如意

今早起了个大早，天还没大亮呢。昨晚答应朋友今晚来吃猪爪的，如果去迟了，白胖猪爪就没了，买完顺道吃了早餐。

返回时，觉得不太冷，空气特别清新，心想，前晚一场雨雪，把天空中的污染物彻彻底底地洗干净了。回到家摆放好东西，打开窗帘，阳光从客厅窗口洒进来。从美学上称，此时早晨的太阳是原色，百姓称为正色，对于冬天来讲，也就是暖色。遇到如此洁净透明的阳光，视野也开阔了，感觉阳光很亲切，反倒觉得有点稀罕了。不知怎么的，突然就冒出这么一句具有时代特征的话，"经过严寒的人，才知太阳的温暖。"现在的孩子，不会有如此的真切感受了。

早上拎回一袋柿子，还有一个甜甜的故事呢。

昨天早上，顶着零星雨雪去买油条，见老板忙着，便开玩笑说："一大早从热被窝出来，衣服都湿了，奔过来吃油条，有什么奖励呢？"双方哈哈一笑。我接着又说："现在已吃习惯你家的油条，又香又脆，配（夹）上略带甜味的老酵馒头，吃了一套餐，一个上午也就不会饿了，还有精神，符合了早上要吃饱的科学营养倡导。"

我对老板讲："我宣传你家油条好吃，十个人有八九个人劝我少吃，含铝，易患痴呆。"见炸油条的曹老板，手中在压条，口中嚼着油条，用六合话讲："瞎讲，我家祖上就炸油条，到这是第三代了，吃了几十年油条也没傻，我弟弟在南京大医院做医生，每周回来带一包油条去，他也不信，不吃还想呢。"

我坚持对老板说："就信你的，那你们要再炸油条三十年，我吃上瘾了，没有油条，你们是有责任的。"这时夫妻二人，一个在切油条坯子，一个在滚热的油锅中翻拨油条，都停下手中的活，一齐看着我问："哦们（六合方言，即我们）有什么责任？"他们一脸的惊讶。

我一边在喝豆浆，一边笑着回答："怎么能没责任呢？"

我对夫妻二人说："在澳大利亚，有一个中国人在那买房子，在自家院内栽了一棵从中国偷带过去的柿苗，柿苗还就活了。澳洲人少地多，土地特肥，柿苗长大，年年结果，树枝伸出院子围栏外邻居的院中，邻居小孩见柿子黄黄光溜溜的好看，从掉在地上的拣起吃了，感觉好吃。中国人见柿树结的多，也没有计较。十多年过去了，中国人家院内的柿树长的好大，柿子吃不完会生蝇虫，环保来查每年就用土来掩盖，结果树下快成一个小山包，开始嫌柿树烦了，于是就申请把树处理掉，邻居见柿树没了影响到他家的生活了，小孩吃柿子习惯了，成了他们生活中的一个部分，柿树没了，邻居家于是打官司起诉中国人家，法院判了，还真赔了邻居一笔呢。"

这夫妻两人听完，张大口，表情夸张地说："柿树也不是他家的，管得着吗？"后来他夫人讲："我家院内还有一棵大柿树，每年结好多柿子呢，昨天儿子回来，我用纸箱子给他装了满满一箱柿子带到南京去了。"还说："儿子同事喜欢吃，不涩嘴。"她老公插话讲："今年天干水少，柿子长得小，但是很甜，放微波炉打一下，热的好吃，甜呢。"我观察到曹师傅脸上的表情，介绍到这里，眼睛眯着看着我，笑着说："甜呢。"感觉就要流口水了，让我又感觉到他脸上出现瞬间的童真和喜感。在农村就是好，这样自豪、满足的表情花钱进电影院也看不到，这是发自内心的喜悦之情。

记得 2008 年我从黄山休宁买回一棵柿苗，栽在楼上的阳台上，年年结果，柿子大还甜，果形也好看，无黑斑，就是生辣毛子（一种虫），辣毛子会飞到晾晒的衣服上，柿树被我爱人移到菜地里，水浇多了淹死了。

曹老板讲："你喜欢吃，我回去摘的，明早带过来给你。"

今早回来，我把柿子与苹果放在一起，用保鲜膜包好，常温下柿子四天就软了，可以大快朵颐了。

阳光出来，天晴人爽，柿子进门讨个口彩，凡看了我这个柿子、油条快要流口水的人们都会事事如意的。

2016.11.24 10:10 于横梁

闲聊全鸭席

全鸭席，始于北京全聚德，以烤鸭为主打菜，其中以鸭脑、舌、脯、翅、掌、胰、肫、肠、肝、心等鸭身上各个部位分别加工的菜肴，具有多种口味、多种色彩，使用多种烹调方法和多样餐具器皿组成的一桌盛宴而得名。

全鸭席，是近二十来年发展起来的宴席新品。它的形成有两个因素：一个因素是大赛涌现出来的一菜多做的形式，一鸣惊人、一举成名；另一个因素是因某地区某酒店根据本地优质原料，利用厨房高超的技艺，自行研发整理出来的鸭宴，特点是：每一盘均与鸭沾边，不是以一只鸭制一宴，或是以鸭为主材，然后再根据烹调原料和时尚流行元素，增添季节性辅料，这样不断丰富完善而制作成的全鸭宴。

目前为止，专业协会还没有制定出统一的所谓正宗的全鸭宴食谱（菜单）。

昨天在湖熟品尝了全鸭宴。主人盛情，盛名之下的全鸭宴，冷菜热炒、大菜等均与鸭有关联，我吃了之后，对芹菜炒鸭胰、爆鸭肫、烹鸭心、烩鸭掌印象较深，原因是调味符合烹调原理，扬食材特点之长，抑食材固有的缺陷。

百度曰：全鸭席，顾名思义，每道菜都以鸭为原材料，全鸭宴是"全都有鸭"而非"全部是鸭"，以鸭为线索，展示厨师对菜肴的把握。

根据百度的意思，结合我尝的全鸭宴，下面就鸭身各个部位，烹调技法上的延伸，说说自己的认识。

冷菜而言：卤鸭翅、盐水鸭头、鸭舌、鸭肫、鸭肠、盐水鸭脯等，基本上是盐水咸鲜味，味道单一，台面色彩也不太丰富。

鸭肠拌花仁，红油味；香菜拌鸭肫，芥末味；鸭舌加酱油卤，略有甜味；鸭颈用湘味；鸭脯用菠萝、黄瓜夹片，用橙子、草莓、黄瓜、扬花萝卜饰边，可以丰富盘子中的颜色。味与形，各有变化，客人就会有食欲，筷子就停不下来，有蔬果参与，冲淡摄盐量，嘴巴也就不会被腌麻了吧。

第一道鸭类羹，可用烤鸭、荸荠、荠菜作羹，或选鸭脑与咸蛋黄、蛋清调胡椒咸鲜汤羹，再用肫花与菌或与翅尖蒸煮，配春笋、红枣蒸圆盅等。一开席，有碗汤盅，润滑喉咙，补充水分，人体的最佳状态马上就恢复了。

炒有传统料烧鸭，菜薹腰果炒鸭舌，葱酱饼卷炒蚝油鸭丝（条），煎鸭肉藕饼等都会有变化。腌鸭炖扬花萝卜球，配几个莴笋球，想鲜，加块河蚌，定会吸引人的视觉和味觉。

至于全鸭，清炖一只，无人分不便食用，仅看看而已。如果是黄焖八宝鸭、香酥鸭、香菇扒鸭，变一下，大家就有兴趣了，老式菜做得到位，还是有市场、有人喜欢的。

南京人擅烩出骨鸭掌，可以说是一绝，难在烩，爆汤出味，爆火收汁出亮，至于保护掌皮不融化缩小，还使掌筋成熟软糯，那就看厨者的用心了，至于出色洁白、无鸭异味，也是烦神的事。

鸭腿、脯是主要部位，若烤，当考虑皮的表现；若常规方法，用松茸炖、红酒调味、烧鸡公口味也不错吧。

鸭下巴、鸭血、鸭肝、鸭尾等，我就不多说了。总之，全鸭席，只是一个尝试、一个命题、一个在完善的项目，凡勇于打出全鸭席招牌的，当对这个命题动些脑筋，当为这一席奉献的鸭子们负责，使它们让食客接受和喜爱，发挥出价值，那也是厨者对餐饮行业的一点贡献吧。

全鸭席，最好要有一只叫得响的烤鸭，才能撑得住场子。配角方面再辅以鸭油蒸蛋、鸭油萝卜丝饼、烧鸭叉烧包，老东西有老的味道。杭帮的老鸭煲、四川的泡萝卜炖老鸭，也可借鉴。

烤鸭骨架熬汤，焖冬瓜、烩粉丝、浮点丝瓜是百姓的至爱，惹味、吸油、出香。

2016.3.27 23:59 于横梁

雪前说羊

羊，是人类的家畜之一。它性格温和，以吃草为生，十二生肖中有它的一席之地。

关于羊，平时不敢写。因为自己不懂羊的种类、饲养特点，生长期等情况；事实上，国内关于海南夏季羊馔、徐州伏羊节、淮北地区羊肉汤、单县羊肉、苏州藏书羊肉、新疆烤羊等，都是盛名远扬。上述关于羊肉的菜品我有的吃过、加工过，有的没尝过、没见过源头。就算是吃过上述部分关于羊肉的菜品，是否是最佳季节、鲜羊食材呢？心中没底。

我始终把自己定位为手艺人，仅仅是把生的不便于食用的食材，通过切割加工、调味美化、加热成熟于可食的产品。所以和大家说说羊的烹饪。

首先，羊与其他动物性原料一样，经过几千年的挖掘和创新，以羊为主料，可以做成多种风格的全羊宴。至于烹饪方法和如何调味及全国各地著名羊肉肴馔就不细说了。只想说具有代表性的：通常有冷吃羊糕、孜然白切羊肉等；热吃有红烧、砂锅、锅仔等，还有带皮与去皮烹饪的和有骨与无骨的菜肴区别，体现出品的精细；其他方面有烤羊、羊肉抓饭等吃法。

其次，要仔细说说羊汤。本人认为，各地羊肉汤皆有特色，四季皆可烹羊。我认为，吃羊肉的最佳季节应选在霜降或小雪之后，直白地说，就是 $-1℃$ 之后见水面有冰出现，食羊为最佳时机。从羊的生长期来看，此时的羊经春、夏、秋三季，进入冬季该是毛丰皮厚膘肥了，肉质达到最佳鲜香效果；从羊的食性来看，羊是食草为主料，饲料品质决定羊肉的品质。四季中，前三个季节是生长期，第四季是羊的成熟期，该是羊体能积蓄的有机物质最全面的时候，其菜肴出品也是最佳的。

关于羊汤，选用活宰杀羊肉、未经冷冻的鲜羊为上，更重要的是要因烹饪要求选择羊的品种。中国有平原羊、上山羊、草原羊、产毛羊和进口羊，其中的品质差异不可混淆。假如用北京的填鸭做西湖老鸭煲，那就成笑话了。制作羊汤，客人需求汤烫、汤白、汤鲜，汤先上桌，熟羊肉片后上桌，重要的是辣椒油，需羊油脂与粗海椒粉在一起熬三十分钟，配料白菜、粉丝、香菜，因人而异吧。

羊肉汤，冬天食用符合冬藏的养生规律。羊汤，性温，有暖胃、驱寒、补气等功能，加枸杞等中药材有保健康体不可替代的作用。

再次，说说羊其他。羊有膻味，是天性，其油更膻，有人嫌弃。从识货来看，这类羊，去膻味靠萝卜和白糖。有人不习惯，白烩羊肉加一大勺糖是什么味，不是蜜汁，甜度不差于蜜汁。这类羊是最传统的黑毛小个头羊，生长慢，行动快。冬天吃两碗羊肉暖身，是任何大补膏比不过的，这就是药膳的代表风味。今见有人做羊肉大葱水饺，味道也很好。

南方妇女很多人不喜食羊肉。其实女人冬天尤怕冷，该常吃羊肉，选择涮羊肉较好，清淡、爽口，自调味口腔也不会留有较重的辛蒜味。

最后，介绍一下鱼羊合鲜。以鲫鱼浓汤烩白煮的熟羊肉，有一种别致的复合鲜味，这也是古人仓颉以中庸文化之道合二为一的造字创举。南方人嗜鱼，北方人喜羊，复杂的南北文化以一个"鲜"字巧妙地调和了，一个字还繁衍出多种风味。两个风马牛不相及的食材，经过厨师不断丰富，把羊肉蓉放在鱼腹内同烧或者取鱼羊各半净肉合斩搅拌做成狮头状，也有特色。简单营养受欢迎的方法，不是我说了算的，靠大家自己选择什么羊、什么季节、什么吃法和什么味道，因为任何吃羊、说羊、记羊，都是在传承和发展，都在做着有益于社会进步的事情。

据预报，明天有大雪飘飘而至，我自己选了个"烫手山芋"题材，在旷野的乡村，坐在床头，记录着选择、加工、烹饪羊的故事。谢谢羊丰富了物质生活，丰富了我们文化生活。

2014.12.3 23:23 于六合

雁鹅夜话

唐朝诗人骆宾王曾作诗《咏鹅》："鹅，鹅，鹅，曲项向天歌。白毛浮绿水，红掌拨清波。" 这首诗，成了家喻户晓、老少皆宜、世代必读（背）的名诗。现在娃娃三岁不到，爷爷奶奶就开始在牙牙学语时教这四句话。似懂非懂，全把它当作开发儿童语言的一种辅助教材了。

女儿小时候，我们作为家长当然遵从老师的要求，也去书店买带有图画、易朗读的小册子回来教她。我这乡音，第一句就把鹅、鹅、鹅三字，读成饿、饿、饿了，家人现在还在笑话我呢。

现在市场上供应食用的禽、畜类等动物，相传均是先辈驯化饲养而来的，家鹅，当然也不例外。

从资料上得知，国内外鹅的种类很多，共同的特点是：体大，羽毛丰满，颈长。草类和玉米、稻子、小麦等均是它的食料。

对于鹅，没有什么研究，鹅肉纤维粗，容易塞牙缝。民间中医有传鹅是"犯"物，与猪头肉、南瓜列为三毒。健康的人吃了以后没事，年老体弱和大病初愈的人及产后妇女都慎吃，担心旧病复发，尤其是长期服中药的患者，往往见鹅即躲。

本没有计划写鹅的，早在二十多年前，就在《中国烹饪》杂志上读过扬州烹饪学院陶文台教授在上面刊登的《鹅谭》一文，整整两大版面，我很佩服，他写了几千字介绍鹅的文章。

关于陶文台教授，我还得多说几句。记得我刚调到南京不久，冒昧地给他写信，问在哪儿可买《随园食单》。他回信于我，内容是这本书正在古文翻译，让我等等，必有出版，那时的名教授，给我回信，很难得。这封信，不知放在哪儿了，有机会找到捐赠给扬州大学旅游与烹饪学院做个纪念。

这位教授，出了不少经典的书，我前天还读了他的《中国烹饪史略》一书。书中他通过研究得出的结论是中国食鹅始于商周时期。据传，历史系毕业的语文老师陶文台教授，从古籍中研究得出，淮扬菜的形成和历史文化背景，是以扬州为主体的淮扬风味……

1987 年元旦后，市饮食公司招生，举办南京市首届一级厨师培训班。胡老把扬大的陶文台和教烹饪美学的郑奇请来作为专家来讲座。

那时在南京餐饮界有传说，市饮食公司胡长龄大师与扬大（简称）陶教授不投，矛盾焦点是：在淮扬菜的组成次序排列上。胡老意见是：京苏大菜是在六朝古都，南京又是现代省会所在地，淮扬菜是其重要组成部分之一，当数京苏排第一，淮扬、镇、苏、锡、常与徐、海等流派组成。事实证明，胡与陶私交很好，学术讨论属正常。现在看来，这样的讨论，有益于真理越辩越明，现在很难见到这样的学风了。

扬州人对鹅的饲养与加工，积累了很多经验。南京有多家名店的冷菜盐水鹅，就是扬州的鹅。南京的行业协会，也为扬州的品牌"风鹅"做了不少宣传工作。

扬州的名菜"三套鸭"，是以鹅、鸭、鸽三禽整料去骨相套，内放竹笋、火腿、干贝、香菇等清炖。此菜鲜在其汤，难在其刀工，名在三禽合一，补在加上参杞枣类，是江苏一道代表性风味。如果做得好，其盛名、难度和历史文化等方面，该超过现代的溧阳天目湖鱼头了。

前两天心血来潮，见一对大白鹅，卖者为老年人，知是不远的邻居，聊两句。

她介绍："这只母的，过了春节就会下蛋。"听说要下蛋，就动心买了一只，到家才想起去年微信上疯传鹅的爱情故事，后悔应该两只一起买回来，还能多写个故事呢（浮想联翩了）。

前天上午鹅买到家，为它围了一个新的家园。水、稻子、青菜，三样齐全，鹅，只顾叫，不吃也不喝。

昨天早上，问近邻，是不是我家稻子时间长了，吃不惯。邻居老丁讲："这鹅不是鸡、鸭，饿了就吃的，这鹅和人一样，换了家又关起来，怎能马上就调整过来呢？"噢，原来这鹅还有气性呢。这让我想起，听长辈讲：鹅与牛一样，通人性，属大牲口，不能随便杀的。杀鹅必须到三岔路口去，我现在理解为何鹅不是杀而是祭了。

为了让鹅尽快平复心性，我就常过去转转，放点干草垫着，拨点青菜给它，换点水。今早不错，给我点面子，吃几口青菜，喝水了。蛮高兴的，就是我一离开就不吃了，下午我就站在边上，夸奖它吃饱就不杀，也不知听懂了没有。

我喜欢鹅，因住地有条件圈地饲养，另外知鹅是草食性动物，对人体也有滋补作用。用动物生长现象来看：大象、牛、羊等全是食草的动物，它们生长的骨架都不小，并且智力超常。

晚上在小区散步，门卫徐师傅见我问道："养鹅啦？"我讲养着玩的。他讲，鹅腌的好吃，夏天用咸鹅炖冬瓜和茄子，汤雪白，冬瓜吸油也有味道。我顺着说："咸鹅斩小块放饭锅上蒸也好吃，当新兵时，老鹅烧黄豆下饭、拿口，现在还没忘呢。"徐师傅讲："对的，老鹅烧黄豆绝配，毛豆米都不行，因为毛豆米经不住烧，时间长就化了。"你看，应了一句老话："大味来自民间，美味来自乡味。"

买来一只鹅，带来了故事，还学到了技能。难怪龚平前天留言一句："鹅，镇宅、护家。"还讲，待他儿子考试完，要带来看鹅呢，哈哈，还得刀下留鹅，得让他家儿子"欣赏"过之后，才能决定这只家鹅的前途命运呢。

家鹅的祖先是雁，大约在三四千年前人类已经驯养。世界各地均有饲养。鹅头大，喙扁阔，前额有肉瘤。它脖子很长，身体宽壮，龙骨长，胸部丰满，尾短，脚大有蹼。食青草，耐寒，合群性及抗病力强。生长快，寿命较其他家禽长。体重4～15千克。孵化期一个月。栖息于池塘等水域附近，善于游泳。主要品种有狮头鹅、太湖鹅等。

有据为证，家鹅由雁而来，既然鹅属大牲口，那咱也得高看它，本文名字就叫《雁鹅夜话》吧。

说到鹅就不得不说到王羲之的爱好了，书法，这算是他一生当中最大的爱好。但是为了能够练习好书法，王羲之也没少花功夫，爱鹅就是其中之一。对王羲之来说，经常观察鹅，看它的头、掌、屁股等地方，可以发掘出有利于自己写字的特点。

事实上似乎也是如此，我们可以从王羲之的很多字当中看到一些比较像鹅身体某一部分的地方。如此一来，就能理解王羲之爱鹅的原因了。

2017.1.12 23:58 于横梁

议北京烤鸭与金陵烤鸭的异同

烤鸭始于宋，盛于明，贵于朱棣时代，流行于改革开放以后。

胡长龄大师在 1986 年南京市首届一级红案厨师培训班上，亲自授课，现场由胡老讲古都历史文化，教学由江苏酒家名厨徐永成师傅现场示范金陵名馔京苏大菜——金陵三叉系列，其中对金陵烤鸭与北京烤鸭的渊源进行了论述，至今记忆犹新。

据史料记载，六朝古都有"金陵鸭馔甲天下"之美誉，鸭菜系列中数烤鸭为头牌，民国名将在南京嘉宾楼宴请政府要员时的主打菜就是鸿运双烤，即烤鸭和烤方组合。

金陵烤鸭的选料特别讲究，要求体型大、羽毛丰满、胸脯肥厚，重 5～6斤的麻鸭，才能选为烤鸭的坯料。宰杀要求浑身洁白肥润，无破皮、无血瘀，形态完整的光鸭。

北京烤鸭由明燕王朱棣从南京带去的厨师传入，北京民国食肆有记载：烤鸭数金陵便宜坊等四家著名，点出源头正宗。

北京鸭与南方鸭生长环境和习性有差异，制作北京烤鸭的鸭坯是选用全身白色羽毛的填鸭，每只净重略高于南京散养的大鸭。所谓填鸭，就是在鸭子生长成熟前期，把它们推挤在笼中，再把饲料搓成条，从鸭口中填塞，鸭子不能走动，静养催肥，这种鸭子皮下脂肪厚，经特殊处理后，在鸭身抹遍饴糖，经炭火烘烤，糖焦化转成枣红色，形成厚厚的薄脆状。今日北京大董烤鸭皮，入口酥化，他们在选料初加工、烫皮、抹蜜、晾干、控制温度烤制上，使用数据系统化管理加工。

两地烤鸭选料上都很讲究，现代差异在南京选料皆为活宰加工，北京烤鸭全部是冻鸭，这是其一的差异。

其二，差异在烤的形式上，南京传统烤鸭是明火叉烤，北京是挂炉烤鸭，从效率和卫生来看，北京占优势。

其三，烤鸭片皮上席的区别，南京烤鸭有一鸭多吃，一般是三吃。第一是皮夹饼；第二是鸭肉切条炒芹芽、韭黄等，炒小糖醋口味，称料烧鸭；第三是鸭骨架斩块，葱姜煸出香，加水炖砂锅，可夏天添丝瓜、冬瓜，冬天加粉丝、白菜，皆因活鸭加工，件件不离鲜的特色。

北京烤鸭出炉，当堂或包间现场片切，有气氛、出效果，师傅片鸭是皮肉相连，这种方式，食用肉多量足；南京全选表皮酥脆部分。二者入口比较，各有千秋，南北不分伯仲。

烤鸭饼，南京用沸水烫面，一两面粉做 6～8 张状如水饺的薄面皮，在两张对合的一面，抹上猪油，然后平锅烙两面至熟，取出揭开，再合在一起，蒸 2～3 分钟，使其回软。上席包上鸭皮、甜面酱、葱条，卷一头折起，不让酱流出落在衣、桌上，入口有复合味的感觉，饼软嚼后有面的香甜。

北京烤鸭的饼皮是直接蒸制，较薄，包上黄瓜条、葱丝、酱、白糖和鸭肉，对我来说口中的满足感不及前一种。这也是两地多年习惯而成，我只是说说个人的感觉罢了。

北京烤鸭一吃之后，虽说有鸭汤，但因是冻鸭，味道冷后，感觉平平，好像如看戏一般有高潮，缺乏完美的收场。

烤鸭难在充气、烫皮抹蜜或饴糖上，重在火候烘烤上，美在入堂的视觉、味觉气氛上，百年的风光，千年的历史，如今，南京烤鸭的技术未有没落，只是烤制成的鸭子，直接斩，浇上卤汁，成了下酒冷菜。现在南京的烤鸭店，全是北京味、北京填鸭、北京吃法，这一点，在烤鸭的推广和占领市场来讲，北京是青出于蓝而胜于蓝了。

南京人吃烤鸭，是一种不可或缺的生活内容；北京人吃烤鸭，有国菜的自豪，吃的是档次和面子。两地烤鸭，异在两地的审美和价值取向差异。两地相同的地方是都在精心制作，为了适应本地顾客的需求，而在努力地传承发扬。

祝两地烤鸭，在新的制作工艺和新的开拓方面，取得前所未有的成果。

2015.1.17　13:56 于六合

纸上"谈"菜

江北因气温的原因，桂花绽放比江南晚些。门前屋后，也因光照时间的差异，那香甜的味道，也善解人意般分批弥漫飘散。

今天，围着屋子转，细细算一下，连续飘散桂花的浓香已经超过了十天，这真是意外的收获。

前几天晚上，看到原来服务过的单位领导发的消息，在接待一批从新西兰来的客人，他们是为文化交流而来，于下周二下午返回。

昨天与原单位人聊天，说起上半年美国来的学者，曾为他们安排过一餐午宴，给双方留下了很深的印象。说起下周二的接待，有人觉得心中没底，希望这次接待还能达到上次的效果。

聊者无意，听者有心。我讲："如果需要，我来和你们一起讨论一下，根据厨师现有的技艺，根据厨房里现有的设备和不太高的餐标，一起来设计一下。"他们听了觉得好，于是，昨天下午就和他们一起初拟了一份菜单，供领导审批吧。

在开车前往的路上，大脑在打腹稿，想起在图片中看到全是年轻人，我觉得文化交流，活动双方肯定会很融洽。

这餐饭不仅仅是吃几道中式菜点，更是为了让他们通过这餐告别午宴，了解这顿饭里包含的丰富的中华文化元素。可食、可赏、可回味的内容，既要表达热情隆重，又不宜奢华有争议，还能让他们领略到民间食材的惊艳，在他们眼中，可能就是惊喜和难忘。

思路和目标定下来，主题是什么呢？见沿路满眼秋色，看到过了四桥的路标，指向栖霞山，哎，有了，就以秋天的收获与分享为主题吧。

初定午宴名称为"金秋菊花宴"。

冷菜部分：金陵桂花鸭，红油卤猪耳，蒜仔拍黄瓜，青皮咸鸭蛋，糖炒新板栗，盐水毛豆荚，干切酱牛肉，白煮秋老菱。

这组冷碟，色彩丰富，口味多样。选材重在体现秋天的果实入席，让客人尝到新上市的食材，体会到中餐的时令特色。

热菜部分：菊香溢内酯，素菊烤鸭盅，椒盐罗氏虾，菠萝炸仔排，酸菜鲜鱼片，洋葱仔牛脯，菊花青鱼脊，一品鱼头王，清蒸湖中蟹，江南素三鲜……

以黄菊花拌内酯豆腐，配几个炸花生（此为冷馔，个客）干香嫩脆，以白菊花佐金陵烤鸭羹，相得益彰，季节性强。

这组热菜，食材选择多为大众化，无珍稀材料。口味上也有变化，无流行菜，以可食性为重点。每一款味道便于掌控，烹制风险小。让远道而来的客人，感觉餐具有变化，色彩有变化，味道有变化。美中不足的是酸菜鱼有刺，要求厨师去净刺，至于鱼头之骨形大，一般是有自控能力的。

时蔬选择的食材有红苋菜、花香藕、百合、西芹、胡萝卜等，多是中国特色时蔬。

主食：意大利炒面、橘瓣香蔴汤圆。

水果：葡萄、哈密瓜。

饮品：自制甘笋汁、自制凤梨雪耳汁。红糖生姜煮加饭酒（备用。考虑蟹是凉性，每人备有一小杯红糖生姜加饭酒）。

筵席台面，建议以"秋"为题，插一盘鲜花，选菊花、红叶等鲜艳的色彩。

另备有干菊泡水供食客洗手，虽烦琐，但食螃蟹是烹饪文化之一。

作为厨者，制作每一道菜，就如同学生考试一次，知识既得到了巩固，又养成一个好的习惯，不断积累，围绕客人的需求，周全地考虑，这样效果会更好。每次都有新的认识，得到客人的评点，这也是对自己技术的一个肯定。

祝愿他们顺利如意，大家快乐。

2018.10.13 20:38 于江北

滋养一方的天地精华

自助早餐时，选了浓浓的豆浆和稀稠正好有米味的稀饭，还选了有蔬菜的小笼包、宽汤菜秧细面条与蛋类，杂粮有胡萝卜、玉米、山芋、南瓜等，就着扬州清鲜的小酱瓜及柠檬黄雪菜梗炒嫩毛豆米，全对胃口。

饱腹之后，问了路，直奔四百米远的仪征最大的农贸市场。近期先后看了苏州、南京、仪征等地的三四个农贸市场，收获与感触颇多。

农贸市场最大特点是品种多杂，全是可吃或可加工的食材，用水陆杂陈、鲜干死活来形容，最恰当不过。有的农产品具有本地特有的个性，有的农产品色、形、味等有着地区的烙印，有的是本地传统的深加工产品，还有车水马龙和嘈杂的人声、噪声等。

　　进菜市场，有乐趣也有烦恼。乐在看到新奇好品质的食材。看到连在网油上的猪腰、新鲜的猪肥肠、滑滑的新猪肚与红色的肺和心，真挪不开步子，如舞台上看表演的那般，一步三回头；心里还在盘算，这个如何处理，那个搭配什么，用什么方法，选什么油才恰当。烦的是，见到不卫生的地面、不清洁的案子，不想见到这些，但回避不了。

　　在市场猪肉摊前，十家有八家的猪肉品质不宜做狮子头和东坡肉。仅见少数三四个摊位在出售鲜亮的带皮猪肉，征得老板同意，拍了品质上好的猪肉，对老板讲，你家的猪没病，饲料好，品种佳，生长时间长，他竖起大拇指讲："你懂行。"

　　开心的是去看淳朴农民从自家田地挖采来的时蔬，见那花斑深紫豇豆，该买回一把放盘子里当花来欣赏。见卖红色杆子的萝卜缨子，走过未搭腔，后面飘来一句切碎盐腌拌，炒毛豆好吃。又见白细高脚菜四元一斤，诧异呢，妇人说，这大菜再长一个月可做腌菜，那时不值钱，这个时候最好吃，才贵一点。炒一下，烧个汤，烩个菜与米煮饭才香呢，留下一串吃菜经。

　　见大山芋问价，一元五，拍了照，转身要走，男子他急了，提高嗓门，这么好的山芋你不识货，全是黄泥土生长出来的，看这泥，看这皮，真是老品种。我赶紧解释，是路过看市场，不便带走，见我两手确实空空也就信了。

　　仪征的物产与大城市比较，估计七成以上是本地所产，种的方法是传统的，肥料有机的，种子自留的，味道天然的，卖相一般般，但买得放心，煮出来味道该是香香的。

现在许多大厨选材靠采购员。我在这里建议采买白鳞鲫鱼烧汤烩羊肉，解释后尝了、对比了，他们才信，选材与出品关系大着呢。比如今天一斤四五个的白皮萝卜烧肉汁，定比长着傻大个子的、有三四斤的大萝卜有味道。

看市场是习惯，知品性，知差异，这里豆制品和臭豆腐类就不及南京、常州的精致。

有人认为我矫情乱转，我去市场看到食材的真相真味，这样才有发言权，是对食材和顾客负责。

更重要的是，每一种食材都是天地之精华，我们当珍视与爱惜它们、享用它们，因为是众多的它们无声无息滋养了人类的生命，让人类体会到生活幸福，因为有了它们的存在，有了它们的芬芳，才有色、香、味、形的选择，但愿人类永久与食材为伴。

2017.9.19 11:44 于仪征

第八篇

厨情余味

暗访

江宁将军大道上渔·千岛湖鱼馆开业一个多月了，在南京餐饮界引起了聚焦，纷纷在传：真的是千岛湖鱼头？有什么特点？大热天有人来吃大砂锅吗？

这家渔馆老板马川，原是一名专业学校毕业的青年厨师，后在南京旅游学院行政总厨培训班学习，被警备区东宫大酒店发现，带着潇湘甲鱼、清炖狮子头等几个名菜进入东宫，如鱼得水，其在学校学的理论得到全面的实践，积累了扎实的基本功。

因为年轻，因此胆大，不满足于模仿传统菜。前几年，只身赴东北三省去了解北方食材，分析北方的饮食特点，对北方的代表名菜，分析其成名的因素，接地气的亮点在哪儿，总结出北方菜由大盘大碗转向南方餐饮的模式，重视选料和味道，但基本灵魂特征没变，在切配和餐具选择上，也有针对性地改进了。在北方几个五星级厨房考察过，与当地大厨交流过，南北交融，互相取长补短，收获颇丰。

全国知名烹饪大师屈浩是个重视味道讲究创新的大厨，一次他尝了马川的出品，耳目一新，被吸引了，马川不久便成了屈氏班的门徒。经过一段时间的培训，屈师傅对他讲："南京是江苏省省会，是省内政治、经济、文化发展中心，六朝古都有若干经典风味，需要有人传承和发展。你从南京来，了解了南北风味特点，建议还是回到南京，根据自己的经历和感悟，探索出一条属于自己的烹饪之道。"

带着师傅的厚望和信心，马川白手起家，先在江宁瑞景人家开了一个中型酒店，先后推出北京烤鸭、花灶农家菜、四季具有原汁原味的地方菜。因菜品本味新鲜和具有创意，开业不久便一鸣惊人，根据其酒店管理能力和不断推出的与时俱进的现代美食，被烹饪协会推荐为中国最有潜力的青年厨师之一。

因为经营场地房东另有用途，他在原址不远处新开了个上渔·千岛湖鱼馆。

前几日，江苏风味领军人花惠生大师听说上渔·千岛湖鱼头有个性，对鱼的选择有讲究。鳙鱼一条十余斤，生长在七米左右的深水下，生长期在四年左右，个个活蹦乱跳，如阳澄湖的螃蟹条条有代码编号，吃了这鱼头觉得嫩，喝口鱼头汤鲜而不腻。

昨天是周日，花总邀约了几个酒店的朋友于下午五点悄悄进入酒店。绕店内一周，环境安静阴凉，包间全部坐有客人，桌上必有一盆砂锅鱼头，锅上有定制刻字：不一样的味道。

老板马川惊着了，崇拜的偶像来了。双手激动地握着花总的手说道："真没想到，开业请您几次都没来，今天太意外了。"花总笑着转头对身边的人说："是他们推荐让我来的，说你鱼头汤有特色，我们就来研究啦。哈哈哈……"

一会儿鱼头端上来，奶汤在砂锅中翻滚呢，见不到生姜米，见不到大把香菜，鱼头、奶汤和放在一旁的需自己挤磨的白胡椒粉，清清爽爽，就是吃肉（鱼）喝汤。花总自己舀了一碗热汤，低头尝一口，三秒之后抬头说道："不同凡响！"

马上有人问询马川的操作过程：选无腥气的正宗千岛湖鱼头，斩下鱼头，鱼尾入笼蒸后，取出与热油在铁锅中炒干水分至黄，闻到蛋白质焦香后，冲入沸水，炖几小时，然后再重复一次，下入鱼头，煮炖十分钟左右，调味就行了。

就这么简单吗？十多分钟够吗？大家看着马川，花总开口说道："马川讲的没错，符合传统烹调原理，我刚才看汤色汤白如奶，这白就是蛋白质氨基酸的分解，这香就是鱼肉鱼骨经油炒的香，我尝了这鱼汤，成分全来自鱼的自身未外加鲫鱼、牛奶和猪油脂，熬的时间长才有黏稠感，炖煮的时间短鱼肉才嫩。"大家惊奇，花总分析得透彻，符合实情，更符合人体对钙的需求和舌尖对味的需求。名不虚传的主打菜，砂锅鱼头尝了，也分析了，这次暗访未失望。

席上又尝了几个菜，东苑宾馆吕总讲："砂锅焗南瓜（带皮，长条），锅底下铺有近似生焗鱼头的调料，垫了个竹丝网，主配料分开，看上去不乱，有点像部队的粗菜细做，味道独特。"慢火焗至南瓜起壳，入口香甜鲜烫，受到好吃见功底的评价。

见花总来了，马川现场加工玻璃脆皮鸽，花总就问一句："脆皮汁上了几次？"回答三次，高人不用多说，点到为之，厉害了。

一口酒未喝，一口饮料未尝，农家小院总店黄总讲："今晚吃得舒服，口腔得到休息，吃什么，感觉全是真味道。"

临别，花总拉着马川的手说："好好努力，提倡务实不务虚，菜肴是吃的，重点在味的呈现。你们还年轻，咱们一起为了江苏餐饮的发展多交流、多下功夫，一起推动行业的发展。"

结束语，非常好，暗访成功，最后笔者感到，全国顶级餐饮大咖年过花甲，为了餐饮，他冒酷暑、进厨房，看物品摆放，看卫生保持，传授经验，亲自去实地考察，不容易，令人敬佩。

2019.7.10 13:13 于横梁

厨道情深

冬天的天气，真像冬天的样子，连太阳也休假了，几天不见踪影了。风吹在身上，觉得冷飕飕的。咱是怕冷不怕热，躲在室内，关上门窗追剧。天天追剧也乏味，心里思忖与其这样耗着时间，不如写写近在身边的人和事吧。

我是 1985 年从山西路军人俱乐部调到军区大院。这里的环境也熟悉，调进调出都要到机关办手续，有时开会或总结大会，常到大院来。

让我小有名气的是一次重要的比赛，局属饭店有上海的延安饭店、华东饭店、华山饭店、福建的梅峰宾馆等单位，我们是警卫营、汽车队、工程队、农场和食堂组建成的综合参赛组。

根据赛制，比赛地点在华山饭店华山酒家内，每个参赛组做一桌冷热菜。

我们凑合起来的队伍里有从无锡调来的顾民国，老干部服务处的杨文志，警卫营的于加强和我共五人。大家对我们都不看好，属于垫底的，就当去锻炼吧。

经过规范的品尝和打分之后，排名出来了，所有人都怔住了，怎么可能呢？我们这个组，总分第一。以每个参赛队获得的优秀名菜宣布，基本是队队有奖，我们这个组优秀菜最高。

学习管理时，南京市饮食公司和镇江市饮食公司，都帮我们培训过。后来有政策，培训不归饮食公司了，就由我负责制订教学计划和培训工作。

培训方式实行不脱产的形式。教学内容是：四十余个冷热菜，理论与实操同步，其中兼有大锅菜教学。培训后考核，由地方劳动部门发证。

因为培训，接触的人多了，军区总院和政治部也有人过来参加培训。

在军区大院时间久了，先后参与了十多期的培训工作。其中西苑宾馆、东苑宾馆、南苑宾馆、华山饭店均有名厨来参与实践教学，大家统一要求，学员也刻苦学习。因此，学员的素质和考核成绩，得到省劳动厅职业技能鉴定中心的认可，被称为是放心的培训班。课时有保证，教学内容符合教学大纲，学员厨龄真实，实考无作弊等。

在培训班中，有一个南苑来的学员叫谢华桃，他平时面部表情平静，讲话不多，但学习认真，拼摆三色拼盘，在三十几个学员中摆得最好。

三色拼盘模式，是南京的传统，有圆盘和腰盘两种形式，也是刀工的基本功。

三色即三种原料：五香牛肉、梳子黄瓜和盐水鸭脯。三色下面的垫底是用三色料的剩余料垫在刀面之下，上下材料一致，片片厚薄一致，拼好后，要求刀面平整，有流畅的弧线，装盘成馒头的轮廓形，三种刀面之间的分界线为直线，并且要具有可食性，有味道又卫生。后来发展为用盐水虾代替黄瓜，更加饱满。

因谢华桃拼得最好，有时我们单位忙，我就打电话给他让他中午来帮忙，为晚上的接待用餐做好准备。

后来，谢华桃因其技术突出，调到某领导家做保障工作。

在那个年代，我常讲，军队炊事员或厨师要改变命运靠的是技术，没有专业技术，达不到与时俱进的要求，早晚会停滞不前的。

从目前形势来看，无论从事厨艺发展或者是管理上的进步，或者是其他行业，没有文化的支撑是很难上升的。

厨道，简称餐饮业（厨房）从业人员，队伍庞大。我在培训期间，有的学员转业到地方仍和我保持着友谊，经常联系。有的学员在南京，时常应邀我在一起相聚。他们始终保持着对我的尊重，让我感动。厨道简单，诚信为人，心底坦荡，厨道情深。

2019.1.15 0:02 于横梁

多少往事飘散在风中

南京的天，就是这样的天，不知今年过了几期梅雨季了。热一阵，冷一阵，闷一阵，雨一阵……

阴雨天是让人浑身酸疼的天气，本人围着灶台转了多年，虽未转出多少头绪来，但转的是平安和从容，未落下什么病根，不必在饭前抓一把药送入口中。

现在想起，真是多亏父母在1974年初夏，逼着我磨刀进厨房，咽着一肚子的委屈，心里想着，这辈子出不了厨房的门了。

让我真正安下心来的，还是母亲的劝导的话："人要吃饭啊，荒年也饿不死手艺人。"就这样，腰系围裙，两臂套着套袖，稀里糊涂地选择了终身职业，这一干，就是半辈子。预计下半生，大脑的思维，还是离不开让我无奈又让我成名的朝阳职业了。

上午，吃了一碗猪肝面，冒着细雨围着房子转一圈，见桂叶下的花朵如水泡了一夜，全部绽放，只是香气淡了，色也不那么迷人了，倒是担心雨停水干之后，一阵秋风吹过来，不会考虑它是否愿意，随风飘落而下的花瓣，也如黛玉葬花一般"零落成泥碾作尘，只有香如故"了。

邻居讲："今年桂花开得特别旺，大小、新老桂花全开了，笑眯眯的。"我在农村久了，知道什么原因，今年闰月，中秋节比往年迟一个月，也就是桂花延期一个月开放，吸收光能和肥效多，加上今年风调雨顺，桂花大绽是必然了，这是桂花大年。以我家橘子树成果来看，今年橘子是小年收成了。

岁岁看桂花，年年不相同。桂花依旧，不同的是在不同的地方看桂花，不同的心境赏桂花，还有因桂花而有不同的往事。

二十周岁那年，我穿上了一身梦寐以求的绿军装，下了大客车，一脚就踏进了苏州光福玄墓山脚下营区。这个营房依山而建，面朝西南，站在团招待所半山腰上远看，太湖水面上白舢在移动，傍晚看到的全是渔民在收网取鱼的景象。

上两个月，我计划去玄墓山故地重游，在我学生朱章友的引导下，去藏书吃羊肉，吃撑了，多休息了一会。又去看了西山三桥，忘了要去的地址，导航到司徒庙了，天已晚，赶着去吴门印象赴宴，未找到、也未去成老单位，未去看一下原宿舍门前窗外和屋山头的老桂花树，现在写到此，真要计划春节期间去看看陪我两年多的桂花树。

　　我调任到了南京，在聂司令员家中服务，看到门前屋后全是桂花、月季、雪松和玉兰等，院子四季是绿意盎然。在首长家的左下方是饶副司令家和周副政委家，他们两家桂花更大些。房子是民国时建的，门前院子大，有几棵古松，几十只松鼠生长在这里，不用喂，也不扰人，全在树上，是一景。

　　后来我又去了军人俱乐部和苜蓿园及军区机关大院。我印象中，在苜蓿园最南端，是小区里唯一的平房，老政委杜平住过，我去看过那地势，把北京的四合院甩几条街去了，这些地方都有老桂花树。

　　军营生长的桂花，不是图民间流传的富贵吉祥之意，主要是桂花不扰人，四季常青，平时不落叶不生虫，远看是风景，近看还遮丑。有桂花生长的地方，四周无杂草，因为它抢肥、抢水、争阳光，至于桂花之金黄、之香气、之食用，在军营不是主要目标。

　　桂花也因逢盛世，才有它的灿烂和洒脱，才有它肆意张扬的香甜，因为大家不缺粮，不缺菜，人不与桂花争地，才有它们一族的繁衍，就连咱一乡厨门前门后，还能花香扑鼻，怎能不开心快乐呢。

　　上午听了两遍日本宗次郎的歌曲《故乡的原风景》，觉得如立在旷野的小溪边，吹着微风，看着流水从面前流过，耳边听到优美的旋律，很甜很缓，把我的思绪引向远方，让我在桂花香熏染的情境里，回忆起曾经生活的点滴，叙说着有多少往事飘散在风雨中……

2017.10.13　11:46 于横梁泊翠庐圃

渐渐远去的薛文龙

在金陵厨界，凡是对南京名厨稍有关注、对烹饪技艺稍有研究的人，几乎没有人不知道原金陵饭店第一任行政总厨、江苏餐饮界一代名厨薛文龙大师。他的一生，是值得纪念的一生，薛老的人生是有着传奇的经历。他的最大亮点是把江苏风味特色浓缩于金陵饭店，让江苏名菜有了一个全面展示的平台，让江苏风味原汁原味地在金陵扎下了根，让中外宾朋分享了它的美丽芬芳。因美食，才有今天金陵饭店高高的丰碑，因薛文龙大师超前的管理理念、卓越的博览艺术思维、超常的对厨艺锲而不舍的执着精神，才有江苏风味规范严谨集的完美特色，堪称集文化与艺术、美食于一体的模板。

江苏风味，正宗加工在哪？在金陵饭店。

定有人会讲，言过其实。20 世纪 80 年代，在南京的几家涉外饭店中，金陵饭店的硬件条件最好，接待规模规格档次最高。省内各地的名菜，进入金陵饭店的餐桌，哪一个不是经过重新细化包装、重新选择餐具、重新根据名菜历史的成形因素而重新设计色、香、味、形的呢？我收藏了一本精装江苏风味名菜录，其中以金陵、淮扬、苏锡、徐海四大流派版块组成，道道精美，件件流光溢彩，这本画册的出版，在当时有着空前的反响，地级市县是望尘莫及的。这本江苏风味名菜录，当年在全国饮食界也有较大影响力，设计、包装、摄影等均为上乘佳作，有时作为省市机关对外赠送的礼品。还有的个性是，名菜画册有中、英、日三种文字，名菜文字注释，在简洁精练上，也可以说是史无前例。比如，对甲鱼的特点注释是"小者嫩，中者鲜，大者香"，几个字把甲鱼特点全面概括了。这本画册，有薛老的心血，他是策划编者之一，这本画册已经成了江苏风味顶级经典作品的标志。当年参与制作的老一代名厨，如南京徐晓波、苏州吴涌根等大师已驾鹤西去了。

薛老人生的第二大亮点是，对清代江宁知县、才子袁枚所著的经典食经《随园食单》进行了新的演绎。这本著名典籍，是名厨们必读的作品，其中须知单和食戒十余条，是厨师毕生不可忽视的宝贵经验。书中名人吃的名菜和调味品，都盖有历史的烙印，今天一般厨师，若没有点书袋子积蓄是理解不了的，更是不能够把历史的味道重新复制的。这是个历史难题，也是个现实问题，原料名称，调料称谓，制作特点，都隐藏在只言片语中。薛老不畏艰难，利用新中国成立前在名饭店学徒的点滴积累，经过多年的实践失败再实践的反复试验，终于挖掘整理出四套随园食单中的冷热菜点。这些冷热菜点首先在金陵饭店推出，令人惊叹、惊奇和惊艳，立即征服了中外嘉宾。当时国内外多家媒体均专题报道了盛况，让文字变成了美食，让现代人品味了历史，堪称是烹坛一个里程碑式的突破。

原书经薛老重新整理后的文字，1991 年 12 月由南京出版社出版，书的全名叫《随园食单演绎》，老人家送了我一本留念，并留有"研究探讨烹饪文化"赠言，我珍藏着。

随园在哪？在南京上海路广州路青岛路交会处。随园曾是袁家私家花园，后有史家证实它是《红楼梦》中大观园的前身。袁枚在南京做官宴客，由南京厨师王小余制作，选用南京食材，南京的调味品，因此，随园菜有南京传统烹饪的灵魂。

复制的白玉虾球、锅烧肉、蜜酒蒸刀鱼、酱炒甲鱼、米粉鸡粥等菜肴，受到客人的广泛欢迎。薛老曾在南京市首届特三级厨师培训班中亲自示范过上述复制菜品，大家都亲口品尝过，至今，记忆犹新。我在部队，没有机会得到薛老的教诲，没有得到真传，倍感遗憾，但在其他场合，有几次见面的细节，时间过去十余年，仍难忘。

其一是薛老退休后，在夫子庙开过酒店，有一次朋友小聚偶然选在薛老酒店处，因老人家为我们上过课，见了格外亲切，还请教了几个问题，均得到了回答。然后，我又关心地问道，您老退休后，怎么还这样出来辛苦，他回答："自己生活无忧，单位改制，过去支持帮助厨房工作的老同事，他们没有特长、生活压力大，他牵头带着大家一起做。"我听了，仿佛受到一次思想教育。

其二是原石油大厦侯宝祥大厨请客，都是他的朋友，没想到德高望重的薛老也前来了，满满一大桌，十余人，侯厨做了一大桌丰盛菜点。有一细节，薛老身边坐着的是省内知名大厨，老人家的爱徒，我也坐在其一旁。因是寒天，春节后，天气阴沉沉的，室内温度不高。从厨房传送过来一道个客海鲜蒸蛋，上菜距离远，入口有点凉，薛老爱徒四十余岁，将其接在面前，未动。薛老见到，轻声对他讲，厨房做出来不容易，手指着蒸蛋"吃了吧"。爱徒解释，肚子不舒服，然后端起碗，用小勺慢慢吃完；一会儿，主人散发香烟，爱徒推说不吸烟，老人家又轻推了一下徒弟身体，说道："新春，把烟接了吧。"这些细节，不是亲眼见到，谁能相信？一个是烹饪大师，一个是当代名厨，师傅不忘教授徒弟，弟子充分给师傅面子，言轻事微，折射出的品德、思想、境界是多么的了不起。

上个月中旬，随省烹饪协会周明元书记一行去华西，参观龙希高楼。席间，董事长阿山在宴席上讲："我是厨师出身，心中一直在想如何为江苏餐饮，江苏厨师们做点事。今年厨师节在华西村举办，我们参与承办还隐形赞助了200多万（亏损），与江苏厨师队伍有关的事要办好，要持久地大力支持，必须把每一项活动顺利延续地发展下去。还谈道，将来我会对孙子讲，爷爷是厨师，千万不要忘本……"

阿山董事长在聊到现代厨师深化教育培训方面时，面色凝重，感慨地说："先做人，后学厨。我庆幸的是，我和几个师兄弟为师傅提前在南京饭店，给他小范围过了生日。开始师傅不同意，后来很开心。没想到，不久师傅仙逝去了。"见他说的那样认真和投入，真情流露，眼角里含着泪花，后来才知他是一代宗师薛文龙的徒弟，观其言行，精神像、作风像、情感像，不愧是名师高徒。

薛老走了，他留下很多佳话、很多故事、很多经典，或许，在顾客印象中、在行业新生代印象中，随着时间的推移定会渐渐模糊，他的身影、他的音容笑貌也将渐行渐远……但我们将记住和学习薛老探索求艺的独特精神，他就不会离我们远去。

老一辈的形象和品德我们有责任和义务传承下去。只有纪念前辈，弘扬发展前辈的烹饪理念，老一辈的精神才能得以传承，我们的烹饪文化才会永存。

薛老前辈，厨道沧桑，您一路走好。

2013.12.12 21：00 于马标

烹饪大师心目中的大师：水过无痕，业界标杆

千年秦淮水道，十里桨声灯影，这一长长的水系，宛如一根弯弯的项链。享誉全国的南京夫子庙，就是项链上一颗光芒四射的宝石，因此，这条永远闪着光辉的天然饰品，给古都南京带来了吉祥，更是金陵帝王州的一件与日月同辉的文化名片。

"烟笼寒水月笼沙，夜泊秦淮近酒家。商女不知亡国恨，隔江犹唱后庭花。"这是唐朝杜牧《泊秦淮》的两句诗。原诗描写秦淮风景夜色阑珊的繁华，如桨声、脂香、灯影、食肆，后两句更有对时政更迭的感叹。

而《七绝·秦淮河》中的"一池春水胭脂色"，全面概括了美丽秦淮的灵魂，那就是碧波荡漾，源源不尽的秦淮水，它承载着六朝文化史，流动的是繁华，涌来的是梦想。

水运、水产、水陆码头以及生活在水边的形形色色，既是喧嚣的活色生香，又是秦淮河历史的一段史话。秦淮因水而名，酒家因水而客至，近水楼台之上，必有名馔芳香。

江南佳丽之地，最具生活气息的当然是美食，南京最具代表性的美食就是"甲天下"的金陵鸭馔。

一、南京盐水鸭

南京鸭馔的美味和制作，当然是首屈一指，尤其是近代的盐水鸭更是南京人生活中不可或缺的标配，名宴、家宴、乡宴少不了它，宁可食无肉不可食无鸭。这里不谈选、腌、烹鸭之道，只讲斩鸭成名的全国烹饪界一代宗师，江苏近代冷菜（碟）鼻祖杨继林大师。

二、碟扇

江苏冷盘"蝶扇"，由原江苏酒家冷菜大师杨继林制作，在首届全国名师评展中获得第一名，用现在的词汇表述就是金牌，还不是并列。

三、百花迎宾冷盘

从《中国烹饪》杂志上看到关于花式冷盘的叙述，花式拼盘最大的特点是视觉欣赏与食用相结合，突破冷菜一贯单色单料的历史，突破烹饪食用与艺术无关的历史，选用常见的香肠、冬笋、口蘑、虾子、松花蛋、海蜇等食材，件件入味可食，互不串味。拼制了具有浓郁的江南文化艺术的象形冷盘：一把打开的折扇，一只欲飞的蝴蝶，一根丝线缀着一只茭白刻的玉色知了扇坠，形态逼真似一幅花鸟画，又是一盘实实在在的冷拼，尤其那活灵活现的知了，留住了多少人的脚步。

四、蝴蝶冷盘

本以为进入培训班，可以听到杨老介绍他参赛的经过和体会，但他在教学课上一字未提，让人意外。现在细想才意识到大师的低调，潜台词是成绩是昨天的。

后来，继续观看实践示范和学习技术原理，内容很多，时光过了三十余年，至今记得杨老的几句大实话。

第一，忙出去才是本事。那个年代饭店生意很忙，任何时候客人第一。提早做好准备工作，及时把出品端上桌，客人不急，出品味道也是最佳味感。

第二，认真才是最重要。从事餐饮，事多事杂，先做什么后做什么要有条不紊，忙起来不慌张，才能保证出品稳定。工作态度很重要。

第三，你唬它，它唬你。一物一性，熟悉了解食材的特性，才能发挥它的特点，腥膻臭腐，全在了解它的物理、菜理、原理。大肠炖臭豆腐，不是一天的创意，它包含有对臭豆属的认识，臭的原理，去分析它炖、炸、蒸的不同调味和调配目的。

你用心做，出品为你争光，朴素的真理。杨继林大师是个平凡的厨师，他言不多，见人始终笑脸在前，说话声音不高，头发是向后梳，始终不乱，服服帖帖，给人精干利索的印象。

出彩的是他工作状态，面前一个圆砧板，上面一把不大的刀，刀刃锋利雪亮，天天用它斩盐水鸭，一鸭分四碟，碟碟有刀面，把鸭肉厚实的部位展现在上面，端到客人面前有面子，明知下面是鸭颈，但客人也无意见，平常的一只鸭子不用秤全凭感觉斩，四碟品相一致，分量一致。

几十年的斩鸭子功夫，刀、手、眼和心这一刻全在聚焦的状态。非一日之功的用心认真，用现代人的话讲这是工匠精神，重复的复制，始终如一日的态度，练就了大师淡定的心态。

当然，全国业界不会有多少人知道他的技术和艺术的素养，也未见多少人表达对他执着精神的敬佩。后来，从方方面面看到，从未见杨老在哪儿因荣誉而窃喜，好像与他无关，这才是大师的境界。对他来说，工作照常做，日子照常过，心中就没有对荣誉泛起一丝涟漪，心静如水，提到水又让我想起秦淮河之水，时而平静，时而涌起浪花，瞬间片刻，水过无痕。

给杨继林大师"画"一张简单模糊的印象，对大师及老一辈为南京六朝味道、江苏大菜的传承作出过努力的手艺人，表示深切的怀念和崇高的敬意。

飘向天国的余香

士泉是一位优秀的烹调师，是我的同行朋友，还是我的得力助手，更是我的战友。

十五年前的你，带着人生的理想，怀揣着对未来的憧憬和满腔报国的热情，从安徽全椒参军入伍，成为了一名光荣的人民解放军战士。你凭着刻苦钻研的精神、从不服输的性格和真诚的工作态度，得到上级领导的肯定，终被选送到上级机关做生活服务保障的工作。你仿佛有一股使不完的劲，再加上火一样的热情，工作取得了骄人的成绩。那里是部队的高层指挥中心的保障服务对象，有将军也有普通士兵，可你从没有过半点偏颇，将军士兵的饭菜都是一样的喷香可口，让人垂涎三尺。

当领导决定让你在机关食堂工作，跟老师傅学习，并且一日三餐保障机关的正常饮食时，你在笔记本中写下："是部队给我一个舞台，让我演绎人生的真谛；是组织给我一个机会，让我挥洒青春的热血。工作只有分工不同，其实都是为国防、为人民做出贡献，谁说只有手握钢枪才是保家卫国，手拿菜刀一样是个指挥员！只有以科学的饮食安排和合理的营养调配，才能真正保障好各位首长领导以及每个战士的健康体魄，才能使他们能够集中精力努力研究战略战术。所以一个好厨师一样可以报效祖国！"

这是在你的遗物笔记本中发现的。虽然只是很平凡的一段话，却足以看出你不同于别人的心啊！

是的，士泉，你没有失言。你没有辜负组织的期望和部队的培养。是的，士泉，你没有让我们失望。你从来就不会让我们失望……你一步一个脚印踏出的求真务实的工作精神，直到现在还时常浮现于我的脑海中。你为了一个菜、一个味型、一种原料，甚至是一个配料，孜孜不倦，反复推敲。如何采用最科学的方法，如何保持原料固有的本味，如何用不同的火候除去原材料带有的特殊不良异味，如何达到食物烹调后的完美质感、嫩酥松脆等富有变化，如何让就餐人员吃出食物别样的特色并有益身体健康需要，如何根据就餐人员的口味特点来制订食谱……为了弄清答案，在难得的假期里，都顾不上好好休息而外出亲自购买了各个方面的参考书籍，回来就潜心翻阅，仔细钻研。终于苍天不负有心人，你做出的菜被机关首长评价"好看好吃"，这可是对一名部队厨师最高也是最好的口头赞誉了啊！

古人讲"治大国若烹小鲜"，就是说"烹鲜若治国，治国若烹鲜"。俗话又有云：入厨学艺，先学三年，天下通行；再学三年，寸步难行。苏帮菜从学习到成为一个名厨没有捷径可走，始终是遵循一个规律：三年拜师，三年访友，三年自习。大体意思是前几年跟着师傅模仿学艺，从中悟出做法的原因和其中的原理，并分析其中的利与弊；访友就是广交同行朋友，向他们学习，取他人之长补自己之短，从而丰富充实自己的技艺；自习其实是经过实践，对 3000 余种原料、1000 多种调味料、30 余种烹调方法以及 50 余种味型、3 种食性凉中暖的搭配、酸甜苦辣咸香臭 7 种基本味型的深入了解及 12 种刀法的灵活运用，冷与热，生与熟，补（肝）与养（胃），理（气）与润（肺）等方面的规律烂熟于心，从而形成自己独特的做菜风格。

一、会跳动的虾仁

记得在一个夏季，酷热难耐，你问我如何将虾仁炒好，装盘时让它跳动（富有弹性），这是个新奇的想法，我当时并没有确切的答案，于是我们一起讨论。

虾仁的种类很多，有海虾仁、基围虾仁、淡水虾仁、冻虾仁。根据虾仁的种类不同，有白条虾仁、龙虾仁等。虾仁洁白在初加工上讲究泡、洗、搓，还要加部分碱性物质和盐等辅料使其白嫩。要使虾仁新鲜，必须选用颗粒饱满整齐的虾仁，在初加工时要搅打，添加辅料不能过量，为保存其固有鲜味，调味不能复杂，突出其本味，更要保证虾仁质感脆嫩，加苏打粉上浆（对厨师基本功的检验）。盐的多少、鸡蛋清的比例，可以用"精妙细微，口弗能言"来形容。至于烹调出虾仁的酒香浓郁，还要粒粒饱满光亮润泽，入口触碰牙齿后有弹性。夏天炒虾仁事实上比其他季节要更难，因为各种虾都还在生长期，含水分较多，很难达到上述苛刻的要求。可如果缺少一样就会导致口感或视觉上的失败，再加上酷暑难耐，确实是在考验厨师的综合素质。为了攻克这一技术难题，你查阅了多少资料和书籍；为了防止在细小环节上出错，你还亲自到市场选择货源，以保证原料的鲜美。仅取两个环节就足以看出你是何等的用心，更何况是所有的步骤呢？虾仁上浆前，要沥干水分，你就将虾仁卷在白布中，强力脱水甩干，使其充分失水容易上浆。当时厨房的均温在 40℃左右，虾仁容易变质，你就将它们放在托有冰水的容器中存置，另外根据虾仁的特点，采用了其他技巧，终于制出了富有弹性会跳动的虾仁！看着洁白晶莹的曲线在银制的托盘里，粒粒如玉，你笑了。浑身上下没有一处是干爽的你，笑了。那是我见过最美的笑容。

二、狮子头说话了

清炖狮子头是淮扬菜的代表菜之一。美食家梁实秋曾在他的《雅舍谈吃》一书中专门对此菜进行了评论。士泉你也和平常的青年厨师一样，想做出经典。名菜每位厨师都想做，会做，也敢做，可真正把传统的独特味道再次重现，同时还让社会各个层面的食者都认可却不是易事，做到的更是寥寥无几。这道菜在选料上是很有讲究的，在食用时令上也应选秋冬季。所选用的硬肋猪肉，其饲养的饲料、猪的品种、猪毛的黑或白、猪皮的厚薄、体格的差异都直接影响到菜肴的口味。如何做好狮子头，除选料以外，刀工处理是细切还是粗斩，都是关键。摔打加盐、肥瘦比例、葱白葱叶、荸荠冬笋、鸡蛋淀粉等都进行了多次的测试比较。你的心得笔记记得密密麻麻，仅仅一道菜就耗费了你多少心血啊！当砂锅中漂浮着碧绿的菜心，清澈的高汤和略浮汤面的狮子头呈现在首长领导面前时，你笑了。那一个个肥而不腻、香气浓郁的狮子头不再只是一个肉丸，你为它付出的心血它都帮你说了，它告诉首长们你的艰辛和你的努力。它使首长对南京的印象更加深刻了，更使这个味道成为了永恒……

你对菜肴的钻研如痴如醉，偶然发现黄焖鳗鱼加了饴糖、料酒和各种调味品之后，一次定味，大火烧开转中小火焖烤三十分钟，盖锅密封，现做现吃。红亮亮的鳗鱼块，酥烂不腻，香而不腥，汁亮味浓，装盘之后，格外激动。查找了有关资料之后才知道，料酒中含有乙醇，在长时间高温的情况下，与鳗鱼肉中的脂肪分子产生碰撞，结合油和蒜瓣的化学反应产生独特的香气，分解了鳗鱼的腥气，使普通的原料变成了奇妙的美味。我见你如同发现一颗新星一般高兴，对待任何一种原料，如豆腐、白菜、牛柳、乳鸽、鸭掌、香菜、水芹等，哪一种原料你不了解它的特点呢？哪一种调味品你不熟悉它的特性呢？"有味者使之出，无味者使之入"成为了你烹调菜肴的指南针。做一个菜成一个菜，一菜一个味；推出一个味型，巩固一个味型，决不马虎应付，做菜如做人，人正味正，对待菜肴把自己的情感融入其中。上桌的菜式包含了你的心血，菜肴为你争光了。你总觉得这是应该做的，是作为一名良厨应具备的最基本的条件。你对烹饪负责，对原材料负责，对自己负责，是现在厨师们最容易忽视的。

凭着你的扎实功底和虚心的工作态度，在军区级别的宾馆厨师中，你设计的作品，从选材、切配、烹调到餐具，都以烹饪美学的标准来要求，使烹调的技艺得到充分的发挥，为单位争得荣誉，得了第一名，立下了汗马功劳。凭着你对淮扬菜的理解、对餐饮市场时尚态势的分析，你在 2003 年江苏省第四届烹饪比赛中获得了金牌，菜肴照片被多家刊物发表。在你事业刚刚腾飞之时，在你厨艺日增猛进之时，在你人生理想有了长足发展之时，在组织上准备进一步深造培养之时，病魔悄悄地向你袭来……

白血病——令人震惊的检查结果，令人痛心的现实，令人难以接受的伤痛。起初仅仅是小小的牙龈肿痛，然后是颈部酸痛，当初误以为是肩周炎，我一直在自责平时没有好好关心你，让你在第一线头炉上太过辛劳；平时没有在意你吃饭时满头大汗，衣衫尽湿，不知你强壮的体质在变得虚弱；平时没有及时提醒你按时休息。躺在军区总院病床上的你，对生活仍充满信心，甚至床头上放了好几本菜谱和一直跟随你的工作笔记本。我明知时间对你来说不多了，想为你留下视频影相，你谢绝了；想和你谈谈，你说不客气了；想陪你减缓化疗的痛苦，你却怕我看到你受煎熬的痛苦表情让我先走；待副作用略缓时，你居然还和我讨论火腿的质量不如以前，香味不浓了，太咸了；市场上水发的海参有涨发剂，对人体有害；营养配餐是现代厨师必备的常识等。

我让你休息一下，你却只是捧着菜谱笑笑。在部队 15 年，越是节假日越忙，在代表军区赴北戴河做保障工作，连续三年都受到了表扬；多次演习的生活保障任务中，都曾有你流下的汗水，都飘有你烹调留下的余香。15 年来，你为自己想得很少很少，住房没有一间，连班长都有的职务津贴你都没有，你从未找领导提过一次要求。就在你病重之时，对局领导的看望和生活关心，你都存有感激之心，表示治疗后回去会更加努力工作。

士泉，你静静地走了，你穿着一身军装来，又穿着一身军装走，你走得太突然了。15 年来未给你带来耀眼的光环，更谈不上厚禄，作为一个普通士兵，你无愧于一身绿色的军装，你给同行们留下了许多刻骨铭心的记忆。在生命的最后时刻，我拉着你的手，轻抚你的脉搏，心中对你说："士泉你走吧，安心地走吧，我们不会忘记你，我要把你的精神介绍给同行朋友，让餐饮界的同行，部队的同事记住你，让他们对你有充分的了解，使他们知道我们的烹饪队伍曾经有你这样一位杰出的特级烹调师，我们以你为骄傲！"

士泉，你静静地走了，带走了战友们的深情，带走了领导的关爱，在你弥留之际，孙大校亲自到军区总院与主治主任协调，请求用最先进的药品为你治疗，来挽救你的生命。部队王恒社协理员和有关人员为你和你父母做了积极的后续帮助工作，大家都是流着泪，不相信你真的去了天国。惊悉你的噩耗，孙局长失声痛哭，声音嘶哑地说道："士泉是个好战士啊！"对于你的离去，美食园的员工，无不痛心落泪，无不感到大家失去了一位好同事，天妒英才啊。

士泉，你离开我们已经有两年了。你生前的好友常提起你，你的女儿已经上小学并会在作文里写《我的爸爸》了，有人梦见微笑着的你，或许你把人间的美味带到了天堂，或许你在那里闻到你过去研究出的美味余香，你欣慰了。

士泉，我们永远是兄弟朋友，愿你在遥远的天国没有疾病，没有遗憾。

仅以此文献给军区某部一名已逝的青年厨师，纪念。

走在乡间的小路上（上）

四月二十九下午四点半，由五弟李武开车，我们顺利到达苏北滨海附近丰园小区，去参加我们姑母的八十寿诞庆典。

当晚，在财苑宾馆，吃了乡间习俗要吃的暖寿面。

当晚的菜品，看上去和入口的感觉果然是有家乡的特色。选材和加工方法，有着老味道的痕迹，我吃了很多，真该谢谢厨房一班人用心了。

第二天一大早，年过古稀之年、家住县城的哥哥打来电话，约定早餐后，兄弟四人一起去十多公里之外的天场徐丹，给祖父母上坟（扫墓）。由我侄女婿吴建军开车，在温暖阳光的陪伴下，在半城半乡的道上，一路通畅，略有颠簸，穿过或宽或窄的路，越过水深水浅的桥面，两眼盯着窗外。窗外满眼青色，有麦田，有已结籽的菜地，有远处高高耸立的杨树，真是满眼春色，应接不暇。

回家乡也不止这一次，只是每次回来，不在春秋夏季节，多是利用春节略有充裕的假期回乡。见到的多是裸露的黄土，干涸的水沟，路面上散落着由寒风吹来的枯黄苇叶，遇到低温的时候，沟河中靠阴的一侧，水面上有一层晶莹的薄冰，靠阳的一面，水面上经一阵风过，出现涟涟的波浪，一波追着一波，始终停不下来。

遇宽大的水域，在深水处，有着唯一灵动的亮点。生长在远离岸堤于水中央的芦苇，在风中摇曳，远远望去，会有几只灰黑色的小麻雀，在芦花的枝叶上，随风荡着秋千，远远地传来清脆悦耳的叫声。那也仅是匆匆一瞥而已，心里忙着事呢，哪有那闲工夫站在河边呆望，不知情的人，以为你在城里压力太大，郁闷了呢。

老家冬日的场景，确实是有点肃杀的场景。地里不见青色，各农户家前屋后，长着点青菜菠菜等，温度零下的日子，叶子全干枯了，就剩埋在土里的根了，有细心的会用玉米秆或草盖上；耐冻的大蒜苗，到了春节，叶子一半黄了，就剩半截杆儿，春节期间是猪肉的一半价格。

因为在滨海老家有一饮食习惯，烧鱼、煎豆腐、烩皮肚等，喜欢在上面撒上点青蒜花末儿。吃水饺，必用三伏秋油和蒜末蘸一下。有时把蒜头拍一下，加点小磨辣椒酱，这样夹一筷粉丝，在味汁中拖一下入口，那味道，一点也不逊于蚂蚁上树。这类用于美化和出味的形式，从中医食疗角度来看还是科学的，有杀菌效果呢，这习惯流传至今。现在的星级饭店禁止在菜上撒青蒜，客人吃了，出门怎能与人讲话呢，也对。如一俗语：各地各乡风。

2018.5.8 6:50 于仙林

走在乡间的小路上（下）

兄弟五人坐在车上，一路畅谈。年龄的大小差异，文化基础的不同，工作环境的不一和收入不等的情况，此刻，均不重要了。

此时的话题是：大的关心小的，要珍惜身体，谈对子女教育的认识；小的感激哥哥们的关心与成长，感谢哥哥们对父母的孝敬、为弟弟妹妹们做出了榜样。兄弟情深，手足情缘，都为自己的生活感到满意，对自己子女的未来充满着希望。一句话，大家都过上了理想的生活，大家都是健健康康，远离医院，说到这，一起感叹父母做了好事，积了德，传给子女优质的基因。

老大过了古稀之年，老五过了不惑之年，个个都有好的基因。最平凡的事例，人人在饮食方面，食欲好，看到红烧猪蹄、清炖蹄髈食欲大增，就是传统的猪油拌饭照样吃得下，受得了，天天还有小酒喝。

至于睡觉，那更是让现代许多人羡慕的，用老家乡言形容，头一丢就睡。兄弟五人，从没听说有谁吃过助睡的安眠药,这样的基因,能不算幸运幸福吗?

这就是上几代人留下了健康的生活理念，留下了心直口快、心地善良的家风。

给我们开车的侄女女婿，听到我们交谈甚欢，欢声笑语，未听到一句埋怨与不屑的神情，忍不住惊叹到：自己也快四十的人，真没见过亲兄弟们如此亲密无间，如此亲情和谐。

侄女婿车好车技好，很快把我们送到徐丹村头，车头拐进丁字河大堤上。那边堤上的两排白杨，已经成材，高大叶茂，如一道绿色挡风的墙。这一边是宽阔的清水河，岸边的芦苇长到齐腰高，从车窗飘进来的棕叶香，如嗅到一股久违的老坛酒香，真是乡景也醉人呐。

车子转向东，过了一个小桥，见水边有人在垂钓，节假日放假，也有悠闲的人，有春风为伴，有垂柳遮阴，真是一块净土。

想想少时的我，在周末时间必背着用芦苇编的草篮，下地挖苦芹、牛舌头、面条菜、七角菜（刺多）、蒲公英等，那是猪最喜吃的草，我到山东龙口菜场见到老妇卖过，没想到猪吃的野菜，竟然是可食的还有食疗的作用。

20 世纪 70 年代，牛与猪争食，人与牛争柴。那个年代，计划经济，吃喝拉撒全指望那平均每人不到一亩的薄田。

现在年轻人不理解，牛怎么与人争柴呢？无煤气少煤的年代，每烧一锅粥，都需要柴禾燃烧，进行热量转化，烧的是麦秸、黄豆杆子和玉米秆子；冬日里，牛要吃晒干的荒草（茅草）以及这些干柴，喝水过冬，而这些干柴又是家家烧饭的燃料，常听母亲讲，少一把草，锅烧开，饭熟不了，因此，那一把草是多么珍贵。

这次在回家的路上，见到芦苇长到路中间，没有牛咬过的痕迹，也没见有人割了回去晒干当草烧，真是做梦也不敢想的变化，有人会讲我太夸张了，其实是真的。

此时回乡，扫墓之后，车子沿着乡村土路，去老家的老屋，在进"家"的路口，兄弟五个，来来回回，就是摸不到家门前的小路，惹得大家哈哈大笑，互相称对方是够不上孝子贤孙了。后来，在路边静等有人经过，才问清了回家的路。

这也难怪，无论南京、苏州、滨海县城的兄弟姐妹们，每每回去，都是先看长辈亲友，然后再集体上坟叩头烧纸，这一程序多年，大家也习以为常了，把老家的老屋全留在了记忆中。

会有细心的人，觉得奇怪，几代那么多人，怎么就没人记起呢?

原因是老屋已有六十多年，土墙草顶，一大家人全进城了，加上老屋地点位置偏，来去不便，上了年纪的老屋坍了，屋基被拉平，那四十余年的一排红砖房子让给邻居居住，因嫌其四面通风，也另择新居，这就造成大家久不回家，不认识路的笑话，加上农村的路貌也发生了较大的变化，原来的木桥移位新建了，邻家的房子也旧貌换新颜了，坐标没了，门前的小河也干了，长满了芦苇，遮住了视线。

潘安邦演唱了一首台湾民谣《走在乡间的小路上》，觉得特亲切，有几句歌词至今还记得："走在乡间的小路上，暮归的老牛是我同伴，蓝天配朵夕阳在胸膛，缤纷的云彩是晚霞的衣裳，荷把锄头在肩上，牧童的歌声在荡漾……"

本文快要结束了，来去匆匆，留下了一串欢乐，留下清新的新农村印象。

同时，也有点遗憾，没有去看望曾经的同学，未去看看本村的老人。大家一致认为，乡村的路，虽窄虽土，毕竟是我们的根，在我们成长的过程中小路曾经承载过我们的梦想，也曾经陪伴我们度过了金色的童年。

春日依旧明朗，春天依旧温暖，就借用诗意的歌词作为收尾，让那优美的旋律，永远留在我们五兄弟的心底，让我们始终记住，乡间的小路，留下过我们的足迹，留下过我们心中的甜蜜。

2018.5.8 6:50 于仙林

难以忘却的记忆（上）

今天是元宵节。

天阴无雨，室外的体感是冷兮兮的，查天气预报是湿度高，温度低，是不宜外出的日子。

罢了吧，年龄大了，不想出门去受寒了，头脑好像也僵硬了，干脆在家追剧吧。

这段时间，一直在追特火的电视剧《人世间》，剧情如坐过山车，一会是嘻嘻哈哈欢快幸福的生活画面，一会是被剧中的音乐和深入人心的台词感动，让人跟着流泪。

受到感动的原因是，情感与那个年代产生共鸣，想起自己父母，也是经过那样的生活，我用两个字形容，就是无奈。

看到三十集了，我自不量力地总结，存在于电视中的各类人等，人人是无奈的，家家过的生活是窘迫的。

网上有人在看《人世间》之后的留言，简直是七嘴八舌，说得头头是道。

咱文化浅，不去凑热闹了，感觉这部电视剧，大家在讨论，对于故事中的人和事，各有各的解读，有的人解读，如研究《红楼梦》似的，每一个细节，每一句话，都被反复地咀嚼。

我感到，剧中没有好人坏人之分，人人有特点，但都不是完人。

剧中所有的人，经历的艰难岁月，都是在无奈的大环境中，坚强地挺过来了，我认为，为了生存，为了追求理想，为了亲友，他们的价值观是正的，只是在那特定的树林子里，生存栖息着各类的鸟儿吧。

剧中的人，如身边的人，在现代的生活里，剧中的三观，仍存在于阳光下，月光里。用哲学观形容，所有的存在，都是合理的。

因此，追此剧，不为悲情人而流泪，不为风光无限的喝彩，在人生的长河里，剧中人和现代人，都是在历史的舞台上，充当过一个平凡的角色，一个让人依稀记得他们中的点滴印象。

最早周家五口，乃至后面与周家扯上关系的其他人，他们都是善良的好人，最后被剧中和现代人标上坏人的人，过几年再看，或许还会有人为他们流泪和喝彩，也有被忘却。

人生如诗，人生如梦，人生如歌。

我们每个人，最后在至亲的人心里，都是会成为难以忘却的人。

啰哩啰嗦的一段观剧感，让我原本瞌睡的人，又精神抖擞起来，在室内温暖的环境里，大脑渐渐消沉的脑细胞又活跃起来了。

先吃点水果，再喂口茶，又让我的思绪，从剧中，延伸到现实的生活里去了。

记得在 1990 年左右，原新街口石油大厦的侯宝祥师傅，是在春节后，烹坛泰斗邀请薛文龙大师，金陵饭店行政总厨花惠生大师以及他们的同行们和我，共一桌人，吃了一餐令我难以忘却的一餐早春酒席。

所上的菜，全是江苏风味的经典，冷热荤素，满满的一桌盛宴，感觉很用心。

就在那次聚餐，有着非常感人的事，让我记忆犹新。

那次是侯宝祥个人请客，薛文龙大师在上席讲了几句开场白，意思是小侯业务精，个人勤奋，尊重老师傅，表扬他业务进步快，又对席上的菜点给予了表扬，还对席上他原金陵的门徒提出，希望大家多关心小侯，多提供点信息。

席至中途，上了一道海鲜蒸蛋，属于个客，趁热大家都吃了，席上有一门徒面前一份蒸蛋未动摆在那里，冬天气温低，那盅冷得也快。

薛老对隔着一个位置的门徒讲，这么冷的天，小侯忙里忙外的，你把它吃了，让他高兴。

一会，小侯系着白围裙从厨房出来，给大家逐一敬酒，气氛出来了，开始撒烟，有一位门徒讲不吸烟，见薛老笑着对那不吸烟的门徒讲，新年头月的，你不吸，接下来，这也是对小侯的尊重。

香烟接下来了。

薛老在席上的两个细节，那是对侯厨的尊重，不摆泰斗的架子，老前辈的言传身教，给我留下了难忘的记忆。

后来，我想，一个名厨，成为一代宗师，不是因为做几道菜，参加过几次比赛，接待过几位名人就是受人尊重的大师了。

听过人讲过，文如其人，用于烹调，味如其人，名厨烹调，用的是简单的食材，出品是不寻常的味，并且让食客久食不厌，那才是真才实学的大师。

2022.2.15 于南京

难以忘却的记忆（下）

我又想起一个难以忘却的故事。

淮扬菜烹饪大师，江苏风味领军人物花惠生大师，在金陵饭店执掌行政总厨多年，出了三本豪华版精装菜谱，一本是海参鱼翅篇，另一本是金陵风味篇，还有一本是淮扬风味篇，这三本书，图文并茂。文字精练，画面美丽，我看后对朋友讲：花总的菜谱，就是一条鱼、一个盅、一碟蔬菜，让别人来，用同样的食材，无论怎么仿制，都学不像，因为那主料和食材及味型，就如成语胸有成竹的意思一样,食材的特性和加工后的变化及质感味感,全在心中,腹稿无限,就如一画家,在动笔之前,画面已在画家心中出现,因此,花总烹饪的出品,别人没有对食材的认识和对火候的调控内功,是模仿不了的。

关于花总的厨艺,在业界有口皆碑。他对厨艺的执着钻研,很多人是不了解的。而且他很讲究实事求是。

前年,我听花总介绍他如何发掘出龙虾与鱼圆这一道名菜的故事。

南京的奥体中心还在规划中,花总随友人到河西办事,到了中午,找不到吃饭的地方,偶见路边有一小店,小老板讲,什么也没有。

肚子饿得咕咕叫,花总进厨房,见水桶内有几条小鲫鱼,他让老板把鱼刮鳞去鳃洗净,拿出蒜头拍拍,锅烧热,鱼下锅略煎,下蒜头和葱姜,烹上料酒,见水另一水盆中有几个龙虾,拿出洗净,去头壳,用刀拍一下,放锅中煎翻翻,沾上葱姜的香气,为赶时间,开水瓶冲入热水,加盖大火煮十多分钟,揭出锅盖,见汤白如奶,特别欣喜,用汤下面条,那味特别的解馋。

回到饭店,依法再试,确定比例后,用龙虾鲫鱼汤,烩苏式氽鱼圆,成了金陵饭店一道创新名菜,火了十余年,仍是夏日里的热门产品。

我把这个故事写出来,他看后告诉我,有两点要纠正,第一,当时他是副总厨,不能写是总厨的职位;第二,烧鱼汤,用的是猪油,不是你写的色拉油。

我连连答应修改。

作为全国知名大师,对名对味是何等的一丝不苟。

做菜不抄近路，对味认真负责，对名从不计较，正因为有此良好的品德，他在国内外都德高望重。

难忘的《人世间》的感人故事，难忘的聚餐，难忘的创新之味，组合起来，成就了难以忘却的记忆。

2022.2.15 于南京

后记

关于我写这本不讨市场喜欢的叙味叙事合集的缘由，很多人不清楚，那就借后记的这个机会，与大家坦露我写书的起因。

我是出生在厨艺世家的，到我这里，已是第四代从事饮食服务工作了，从小耳濡目染，观察并实践洗菜、杀鸡、杀鱼这些初加工的基本方法；再后来跟在爷爷和父母身边，学习滨海乡村筵席八大碗等地方风味菜。少年虽苦，但学到了手艺，练就了厨艺的基本功。

那时候老家过年，家家炸肉圆，我从门前经过，已能通过门缝中传出的油炸响声和飘出的香气，判断出肉圆的咸淡，推断出肉糊（蓉）中缺水或缺粉的情况。而天天加工的卤猪头，只要切一片带皮的猪头肉，我就能说出是猪头上的哪个部位……

小时候的我最爱看战争片，每每看到英雄们抗战时英勇杀敌、保家卫国的战争场景，就令我热血沸腾，由此报效祖国的理想悄悄在心中埋下种子。

在一九七八年的三月，我怀着激动的心情，如愿加入了中国人民解放军，投身到人民解放军这所期待多年的大学校里。

参军后，我小试身手就从新兵连调到团后勤处机关食堂，名气出去了又调到军教导大队，接着参加了军区炊事技术大比武，获得连队会餐菜组第一名，荣立二等功，又调到原军区司令家工作三年。学习、分析、总结厨艺，是我乐此不疲的工作，也从未放弃过。

在部队，有很多优秀的炊事员，到期退伍却仍然支持我的工作，帮我打下手却常常耽误了休息，为我提供了极大的帮助。我两次参加省烹饪大赛皆获金牌排名第一，先后两次应邀参加北京军委八一大楼驻华武官招待会，多次参与演习时高层领导的生活保障，参与安徽滁州、定远、紫金山坑道等多地军事演习的后勤工作。可以说，战友们就是我这些工作的后援保障。这些工作结束之后，掌声荣誉由我获得，战友们却默默地离开军营了，但我工作上取得的成绩和荣誉，与战友们的支持是分不开的，我觉得有责任和义务，要把我和战友们一起为部队做生活保障的部分经历写出来，让后来人，从我的《那年那味》中也能看到真实的军队后勤保障人员的努力和付出。

厨房不是战场胜似战场，军队战斗力离不开炊事兵的生活保障。古人早有兵马未动，粮草先行的名言。在军队的发展史上，很少见到后勤战士们的事迹，他们文化水平不算高，但却在平凡的生活保障工作上，奉献了青春。我的战友们，是后勤战线的主力军，他们是部队饮食保障的基石，数十年的时间里，他们与我肩并肩地努力工作着，圆满地完成各种环境下的生活保障任务。

我从事饮食服务工作四十七个年头了，除了有领导的支持，战友们的合作，还有我对食材的很多认识。

食材生于自然，是人体必需营养素的来源。我对助手们讲过，一只鸡，一条鱼，都是一种宝贵的烹饪资源，如通过我们的手把它们加工成受人喜欢的产品，若动物有知，也会感谢我们没有糟践了它们的价值。虽然明知这种认识，会引起人们的笑话，但从另一个角度理解，谁知盘中餐，粒粒皆辛苦。理解食材的来之不易，经过我们的加工和操作，让它们成为美食，成为美味的载体，让食客们在品尝之后获得精神上的愉悦，获取多样的营养素，这不也是一种饮食文化的展示吗？所以，我同样用了大量的篇幅去写食材，对饮食调味和对美食风味的形成也进行了分析和总结。

食材加工由生到熟，变成了丰富的七滋八味，这是厨技，更是厨艺。春夏秋冬，围着三尺灶台，重复的劳动久了，也就积累了很多的工作经验，我便把它记下来，虽是自我的个人经历回顾，但却也有时代的烙印。

书稿内容，可能浅显，但都是我与食材配合的经历，全是真实的回放。而今终于可以与读者们分享，我是由衷地高兴。因为几十年的理论与实践，我对食客尽心了，对各类食材尽力了。还有文中提到工作经历，提到有关朋友的姓名或单位的名称，这些，都未经事先打招呼，在此，先向大家表示歉意，如有欠完美的表述，敬请读者们见谅。

感谢军队这个大熔炉，让我得到了锻炼，受到了培养，感谢淮扬风味这个博大的饮食文化烹饪宝库，让我学习和掌握了淮扬风味中的基本厨艺，让我传承了无数前辈们留下的高超技艺，也给我的生活增加了更多滋味。

感谢我的战友徐永斌、谢华桃、谭兆杰、冯树信、陆金荣、陈红俊、郑少多、熊士伟等，在部队炊事工作的岗位上，有了他们的支持帮助，我才能顺利地完成各种接待的任务，是他们帮我完成了杀鸡、划鳝鱼、清洗猪内脏等杂七杂八的工作。无论春夏秋冬，跟随我吃苦受累，我对他们默默无闻的支持和付出心怀感激，我的荣誉离不开他们的帮助，我的军功章上，当然也有我的战友们的一份贡献。

感谢江苏省、市技能鉴定中心，让我多次参与省高级技师的评审工作，使我受益良多，感谢江苏省烹饪协会、江苏省餐饮行业协会给予我的荣誉，感谢军地各界的同仁们，对我的求学提供了毫无保留的支持帮助，还有那些只有一面之缘的朋友们的帮助，因为有你们，才有我更真切的感悟。

感谢我的领导、同行、亲友、门徒（熊士健，陈东，龚平，顾家丰，金胜昔，郑兵，于丙辰，朱章友，王晓明，蔡兴兵等）、博客网友们的大力支持和鼓励。感谢我微信圈里亲朋好友的点赞支持，还有我新浪泊翠庐圃博客网友们十余年的不离不弃，经常分享和转发我的博客。

感谢著名书法家王卫军为本书题写书名。

感谢国家五一劳动奖章获得者、中国烹饪资深专家、淮扬风味领军人花惠生大师为本书作序。

感谢南京金陵中学河西分校的穆耕森校长对我业务水平和工作能力的肯定和认可，以及对我的无条件信任。

最后，感谢扬州大学李祥睿教授，感谢他花了大量的时间和精力对我的文章进行了题材设计、分类整理、文字润色，最后结集成册；也通过他的热心引荐，最终得以付梓。

总之，刀下文章，是我的工作目标；厨道光明，是我对烹饪追求的梦想。同仁们，望我们无论何时都是坚定推动烹饪文化发展的一分子。由于本人才疏学浅，书稿中粗写的经历与感悟，印刷出版后必有谬误，希望各界友人多多包涵，敬请大家批评指正。

李锋

2021.12.18 于扬州国家级非遗研修班

作者简介

李锋 中国烹饪大师，高级烹饪技师，营养配餐员考评员。现为南京金陵中学河西分校行政总厨。

1994年10月任南京军区司令部机关美食园经理，1990年被南京新东方烹饪学院聘为常年技术顾问，为江苏省、市餐饮单位培训、考核厨师8000余名。曾为六届司令提供服务保障，参加过四次军演保障。期间设计发明了鱼汤羊肉、鱼羊合鲜、佛汁喜洋洋、一品方肉、蜜汁火方、拆烩鱼头、非遗产品卤猪头等菜肴。

曾在《中国烹饪杂志》《中国食品》及《美食》等杂志上发表过多篇文章。其中《盛世鸭谭》和《百味之本——盐》两篇文章，作为论文参加高级技师答辩，后又在江苏省的《美食》上发表，获得了很高的评价。